目次

教科書ぴったりトレーニング
大日本図書版 数学3年

成績アップのための学習メソッド

自分にあった学習法を見つけよう!

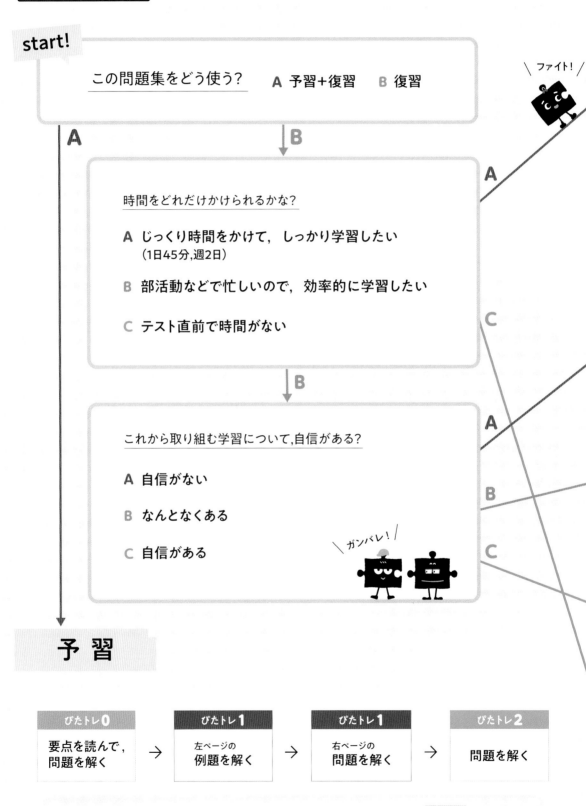

start!

この問題集をどう使う?　　A 予習+復習　　B 復習

ファイト!

A　　**B**

時間をどれだけかけられるかな?

A じっくり時間をかけて, しっかり学習したい
（1日45分,週2日）

B 部活動などで忙しいので, 効率的に学習したい

C テスト直前で時間がない

A

C

これから取り組む学習について,自信がある?

A 自信がない

B なんとなくある

C 自信がある

ガンバレ!

A

B

C

予 習

ぴたトレ0		ぴたトレ1		ぴたトレ1		ぴたトレ2
要点を読んで, 問題を解く	→	左ページの 例題を解く	→	右ページの 問題を解く	→	問題を解く

わからない時は…学校の授業をしっかり聞いて解決!　→　残りのページを　復習　として解く

復習

目安の時間には,丸付けや見直しの時間も含まれているよ。

日常学習

じっくりコース
（1日45分,週2日）

ぴたトレ0
要点を読んで,問題を解く

→

ぴたトレ1 45分
左ページの**例題を解く**
↳ 解けないときは
考え方 を見直す

右ページの**問題を解く**
↳ 解けないときは
● キーポイント を読む

↓

ぴたトレ2 45分
問題を解く
↳ 解けないときは
ヒント を見る
ぴたトレ1 に戻る

←

ぴたトレ3 45分
テストを解く
↳ 解けないときは
ぴたトレ1 ぴたトレ2
に戻る

←

教科書のまとめ
まとめを読んで,学習した内容を確認する

定期テスト予想問題や別冊mini bookなども活用しましょう。

時短 A コース

ぴたトレ1 45分
問題を解く

→

ぴたトレ2 30分
 だけ解く

→

ぴたトレ3
時間があれば取り組もう!

時短 B コース

ぴたトレ1 20分
右ページの
  だけ解く

→

ぴたトレ2 45分
問題を解く

→

ぴたトレ3 45分
テストを解く

時短 C コース

ぴたトレ1
省略

→

ぴたトレ2 45分
問題を解く

→

ぴたトレ3 45分
テストを解く

テスト直前コース

\めざせ,点数アップ!/

5日前
ぴたトレ1
右ページの
 だけ解く

→

3日前
ぴたトレ2
 だけ解く

→

1日前
定期テスト予想問題
テストを解く

→

当日
別冊mini book
赤シートを使って最終確認する

コースがきまったら,4〜5ページを見てみよう ➡

成績アップのための **学習メソッド**

《 ぴたトレの構成と使い方 》

教科書ぴったりトレーニングは,おもに,「ぴたトレ1」,「ぴたトレ2」,「ぴたトレ3」で構成
されています。それぞれの使い方を理解し,効率的に学習に取り組みましょう。
なお,「ぴたトレ3」「定期テスト予想問題」では学校での成績アップに直接結びつくよう,
通知表における観点別の評価に対応した問題を取り上げています。

学校の通知表は以下の観点別の評価がもとになっています。

| 知識 技能 | 思考力 判断力 表現力 | 主体的に 学習に 取り組む態度 |

一緒にがんばろう!

ぴたトレ0
スタートアップ

各章の学習に入る前の準備として,
これまでに学習したことを確認します。

学習メソッド
この問題が難しいときは,以前の学習に戻ろう。あわてなくても
大丈夫。苦手なところが見つかってよかったと思おう。

↓

ぴたトレ1
要点チェック

基本的な問題を解くことで,基礎学力が定着します。

例題1

穴埋め式の問題です。
答えは右ページ下にあります。

プラスワン

例題に関する解説や追加
事項を扱っています。

学習メソッド

どこでつまずいたかが
わかるようにチェック
ボックスを活用しよう。

コツコツ学習すること
が大切だよ。「週〇日
は数学」,「1日〇分」な
ど目標を立てて学習す
るといいよ。

教科書 p.12 問1

各問題には教科書の
対応ページ・問題等を
表示しています。

● **キーポイント**

解き方・考え方のコツや
テクニックを示しています。

学習メソッド

解き方がわからない
ときは,次のように進
めよう。

① 「キーポイント」を
見る前にもう少し
考えてみる。

② 「キーポイント」を
見て考える。

③ 左の例題に戻る。

絶対理解

理解しておくべき
重要な問題です。

よく出る

定期テストによく
出る問題です。

⚠ **ミスに注意**

ミスしやすいことやかん
ちがいしやすいことを
確認できます。

理解力・応用力をつける問題です。
解答集の「理解のコツ」では実力アップに欠かせない内容を示しています。

学習メソッド

解き方がわからないときは,下の「ヒント」を見るか,「ぴたトレ1」に戻ろう。
間違えた問題があったら,別の日に解きなおしてみよう。

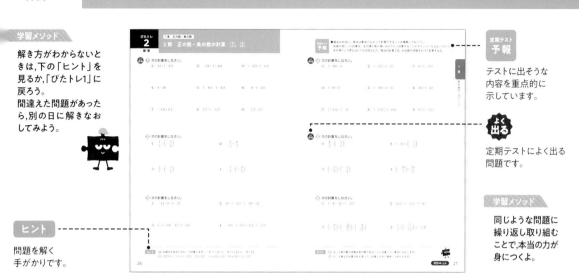

ヒント

問題を解く
手がかりです。

定期テスト 予報

テストに出そうな
内容を重点的に
示しています。

よく出る

定期テストによく出る
問題です。

学習メソッド

同じような問題に
繰り返し取り組む
ことで,本当の力が
身につくよ。

ぴたトレ**3**

確認テスト

どの程度学力がついたかを自己診断するテストです。

成績評価の観点

知 考

問題ごとに「知識・技能」
「思考力・判断力・表現力」の
評価の観点が示してあります。

学習メソッド

テスト本番のつもりで
何も見ずに解こう。

• 解けたけど答えを間違えた
→ぴたトレ2の問題を解いてみよう。

• 解き方がわからなかった
→ぴたトレ1に戻ろう。

学習メソッド

答え合わせが終わっ
たら,苦手な問題が
ないか確認しよう。

点UP

テストで問われる
ことが多い,やや難
しい問題です。

知 　　　/80点

各観点の配点欄です。
自分がどの観点に弱いか
を知ることができます。

**教科書の
まとめ**

各章の最後に,重要事項を
まとめて掲載しています。

学習メソッド

重要事項をしっかり見直したいときは「教科書のまとめ」,
短時間で確認したいときは「別冊minibook」を使うといいよ。

**定期テスト
予想問題**

定期テストに出そうな問題を取り上げています。
解答集に「出題傾向」を掲載しています。

学習メソッド

ぴたトレ3と同じように,テスト本番のつもりで解こう。
テスト前に,学習内容をしっかり確認しよう。

次の学習に
入る前に
取り組もう。

□ **分配法則**　　　　　　　　　　　　　　　　　　　　　　← 中学1年

a, b, c がどんな数であっても，次の式が成り立ちます。

$(a+b)×c=ac+bc$

$c×(a+b)=ca+cb$

❶ 次の計算をしなさい。

← 中学1，2年〈多項式
の加法と減法〉

(1)　$(2x-3)+(5x+6)$　　　　(2)　$(x-5)+(6x+4)$

ヒント

多項式をひくときは，
符号に注意して……

(3)　$(3x-1)-(2x-5)$　　　　(4)　$(2a-4)-(-a-8)$

(5)　$(4a-8b)+(3a+7b)$　　　(6)　$(-x-9y)+(5x-2y)$

(7)　$(6x-y)-(y+4x)$　　　　(8)　$(7a+2b)-(8a-3b)$

❷ 次の2つの式をたしなさい。

また，左の式から右の式をひきなさい。

← 中学2年〈多項式の加
法と減法〉

(1)　$2x^2-3x$,　$4x^2+5x$

ヒント

x^2 と x は同類項で
はないから……

(2)　$-3x^2+8x$,　x^2-7x

❸ 次の計算をしなさい。

(1) $5(2x+3)$

(2) $(4x-7)\times(-3)$

(3) $-6(3x+4)$

(4) $10\left(\dfrac{3}{2}x-1\right)$

(5) $2(5x-9y)$

(6) $-4(a+8b)$

(7) $(12x+21y)\times\dfrac{1}{3}$

(8) $(20x-15y)\times\left(-\dfrac{2}{5}\right)$

❹ 次の計算をしなさい。

(1) $(6x+9)\div3$

(2) $(16x-8)\div(-8)$

(3) $(4x-24)\div\dfrac{4}{3}$

(4) $(-12x-10)\div\left(-\dfrac{2}{5}\right)$

(5) $(15x+20y)\div5$

(6) $(7a+21b)\div(-7)$

(7) $(6x-18y)\div\dfrac{6}{5}$

(8) $(24x-12y)\div\left(-\dfrac{3}{2}\right)$

◀ 中学1, 2年〈多項式の乗法〉

ヒント
分配法則を使って
……

◀ 中学1, 2年〈多項式の除法〉

ヒント
分数でわるときは，
逆数を考えて……

●単項式と多項式との乗法，多項式を単項式でわる除法 　教科書 p.14〜15

例題 1 次の計算をしなさい。 ▶▶ **1 2**

(1) $3x(2x + 3y)$　　　　　(2) $(15ab - 6b) \div 3b$

考え方 (1) 単項式と多項式との乗法は，分配法則を使って計算します。

(2) 多項式を単項式でわる除法は，分数の形にするか，乗法になおして計算します。

答え (1)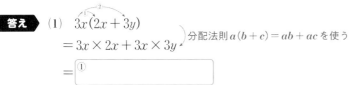
$3x(2x + 3y)$
$= 3x \times 2x + 3x \times 3y$ ⎫ 分配法則 $a(b + c) = ab + ac$ を使う
$= $ ①

(2) $(15ab - 6b) \div 3b$
$= \dfrac{15ab - 6b}{3b}$ ⎫ 分数の形にする

$= \dfrac{15ab}{3b} - \dfrac{6b}{3b}$ ⎫ $\dfrac{\overset{5}{\cancel{15}}ab}{\cancel{3b}} - \dfrac{\overset{2}{\cancel{6}}\cancel{b}}{\cancel{3}\cancel{b}}$

$= $ ②

> 除法を乗法になおして計算
> してもよいです。
> $(15ab - 6b) \div 3b$
> $= (15ab - 6b) \times \dfrac{1}{3b}$

●多項式の乗法 　教科書 p.16〜17

例題 2 次の式を展開しなさい。 ▶▶ **3**

(1) $(x - 4)(y - 9)$　　　　　(2) $(2x + 3y)(x - 5y)$

考え方 $(a + b)(c + d)$ の式は，下のように展開します。

$(a + b)(c + d) = ac + ad + bc + bd$

(2) 展開した式の中に同類項があるときは，
それらの項を1つの項にまとめます。

> **プラスワン** 展開する
> 単項式と多項式との積や，多項式と多項式との積の形をした式を1つの多項式に表すことを，もとの式を**展開する**といいます。

答え (1) $(x - 4)(y - 9)$
$= x \times y + x \times (-9) - 4 \times y - 4 \times (-9)$ ⎫ 展開する
$= $ ①

> 符号に注意！

(2) $(2x + 3y)(x - 5y)$
$= 2x \times x + 2x \times (-5y) + 3y \times x + 3y \times (-5y)$
$= 2x^2 - 10xy + 3xy - 15y^2$ ⎫ 同類項をまとめる
$= $ ②

1 【単項式と多項式との乗法】次の計算をしなさい。

教科書 p.14 例 2

□(1) $-4x(x-3y)$ □(2) $(4a+3b)\times 3a$

□(3) $2a(3a-b+1)$ □(4) $\dfrac{2}{5}x(15x-25y)$

● キーポイント
分配法則を使います。
$a(b+c)=ab+ac$
$(a+b)c=ac+bc$

2 【多項式を単項式でわる除法】次の計算をしなさい。

教科書 p.15 例 3, 4

□(1) $(2xy+x)\div x$ □(2) $(-8x^2+24xy)\div(-4x)$

□(3) $(30x^2-24xy-18x)\div 6x$ □(4) $(24a^2-15a)\div \dfrac{3}{2}a$

● キーポイント
分数の形にして計算す
るか，除法を乗法にな
おして計算します。
(4)は$\dfrac{3}{2}a$を$\dfrac{3a}{2}$と考え
て乗法になおします。

3 【多項式の乗法】次の式を展開しなさい。

教科書 p.17 例 3〜5

□(1) $(x+2)(y+1)$ □(2) $(x-6)(y+7)$

□(3) $(3x-4)(2y-5)$ □(4) $(5a-3b)(2a+9b)$

□(5) $(a+2)(a+2b+1)$ □(6) $(-4x+2y-5)(x-3y)$

● キーポイント
(5) $a+2b+1$をひと
まとまりにみて計
算します。

1節 多項式の計算
③ 展開の公式／④ いろいろな式の展開／⑤ 展開の公式の利用

●式の展開

教科書 p.18〜21

例題 1 次の式を展開しなさい。 ▶▶**1**

(1) $(x+3)(x+7)$　　　(2) $(x+3)^2$

(3) $(x-4)^2$　　　(4) $(x+5)(x-5)$

考え方 展開の公式を使って展開します。

公式1 $(x+a)(x+b)=x^2+(a+b)x+ab$　　公式2 $(x+a)^2=x^2+2ax+a^2$

公式3 $(x-a)^2=x^2-2ax+a^2$　　公式4 $(x+a)(x-a)=x^2-a^2$

答え
(1) $(x+3)(x+7)$
$=x^2+(3+7)x+3\times7$ 公式1
$=$ ①

(2) $(x+3)^2$
$=x^2+2\times3\times x+3^2$ 公式2
$=$ ②

(3) $(x-4)^2$
$=x^2-2\times4\times x+4^2$ 公式3
$=$ ③

(4) $(x+5)(x-5)$
$=x^2-5^2$ 公式4
$=$ ④

●いろいろな式の展開

教科書 p.22〜23

例題 2 次の式を展開しなさい。 ▶▶**2 3**

(1) $(2x+3)^2$　　　(2) $(a+b+2)(a+b-2)$

考え方 (1) $2x$をひとまとまりにみて，展開の公式2を使います。

(2) $a+b$をひとまとまりにみて，展開の公式4を使います。

答え
(1) $(2x+3)^2$
$=(2x)^2+2\times3\times2x+3^2$ 公式2
$=$ ①

(2) $a+b$をAと置くと，$(a+b+2)(a+b-2)$
$=(A+2)(A-2)$ 公式4 $(A+2)(A-2)=A^2-2^2$
$=A^2-4$
Aを$a+b$に戻すと，
A^2-4
$=(a+b)^2-4$ 公式2 $(a+b)^2=a^2+2ab+b^2$
$=$ ②

●展開の公式の利用

教科書 p.24

例題 3 49^2を工夫して計算しなさい。 ▶▶**4 5**

考え方 展開の公式3 $(x-a)^2=x^2-2ax+a^2$を使います。$49=50-1$とします。

答え $49^2=(50-1)^2$
$=50^2-2\times1\times50+1^2=$ 公式3 ここがポイント

絶対理解 **1** 【式の展開】次の式を展開しなさい。

教科書 p.18〜21
例2, 3, 5, 6, 8

 □(1) $(x-3)(x+9)$ □(2) $\left(x-\dfrac{3}{2}\right)\left(x-\dfrac{1}{2}\right)$

●キーポイント
展開の公式を使って展開します。
(6)は，$(x+a)(x-a)$
のaが$-\dfrac{1}{3}$のときです。

 □(3) $(x+5)^2$ □(4) $(x-6)^2$

 □(5) $(x+9)(x-9)$ □(6) $\left(x-\dfrac{1}{3}\right)\left(x+\dfrac{1}{3}\right)$

よく出る **2** 【いろいろな式の展開】次の式を展開しなさい。

教科書 p.22 例題2,
p.23 活動3

 □(1) $(4y-3)^2$ □(2) $(2x-4y)(2x+4y)$

●キーポイント
(2) $2x$，$4y$をそれぞれひとまとまりにみます。
(4) $x+2$をひとまとまりにみます。

 □(3) $(x-y-1)^2$ □(4) $(x+y+2)(x-y+2)$

3 【いろいろな式の展開】次の計算をしなさい。

教科書 p.23 例 4

 □(1) $(x+1)^2+(x+3)(x+4)$ □(2) $(x+3)(x-3)-(x-2)^2$

●キーポイント
展開の公式を使って式を展開してから，同類項をまとめます。

絶対理解 **4** 【計算の工夫】次の式を工夫して計算しなさい。

教科書 p.24 例 1

 □(1) 102×98 □(2) 299^2

●キーポイント
(1) 展開の公式4を使います。

5 【式の値】$x=2$，$y=-\dfrac{1}{3}$ のときの，式$(x+3y)(x-y)+(x+y)(x-3y)$の値を求めなさい。
 □

教科書 p.24 活動 2

●キーポイント
展開の公式を使って式を簡単にしてから，x，yの値を代入します。

例題の答え **1** ①$x^2+10x+21$ ②x^2+6x+9 ③$x^2-8x+16$ ④x^2-25 **2** ①$4x^2+12x+9$ ②$a^2+2ab+b^2-4$ **3** 2401

① 次の計算をしなさい。

☐(1) $2x(x-3y)$

☐(2) $(9a-18b)\times\left(-\dfrac{2}{3}a\right)$

☐(3) $(6ab^2-3ab)\div 3ab$

☐(4) $(15x^2y-10xy^2)\div\left(-\dfrac{5}{6}xy\right)$

② 次の式を展開しなさい。

☐(1) $(x+5)(x-3)$

☐(2) $(2x+1)(3x-5)$

☐(3) $(-x+2)(3x+8)$

☐(4) $(3x+5y)(2x-6y)$

 ③ 次の式を展開しなさい。

☐(1) $(x-7)(x+5)$

☐(2) $(x-4)(x-7)$

☐(3) $(a-5)(a+6)$

☐(4) $\left(x-\dfrac{1}{2}\right)\left(x+\dfrac{1}{3}\right)$

 ④ 次の式を展開しなさい。

☐(1) $(x+8)^2$

☐(2) $(8-a)^2$

☐(3) $(x+0.4)^2$

☐(4) $\left(y-\dfrac{3}{4}\right)^2$

ヒント ③ (4)$\left(x-\dfrac{1}{2}\right)\left(x+\dfrac{1}{3}\right)=x^2+\left\{\left(-\dfrac{1}{2}\right)+\dfrac{1}{3}\right\}x+\left(-\dfrac{1}{2}\right)\times\dfrac{1}{3}$　通分をまちがえないように注意すること。

●展開の公式は確実に覚えておこう。

必ず展開の公式を使った問題が出る。公式を忘れたときは，$(a+b)(c+d)=ac+ad+bc+bd$ にあてはめて解こう。複雑な式の展開は，式のどの部分が公式にあてはまるか考えて計算しよう。

⑤ 次の式を展開しなさい。

□(1) $(x-6)(x+6)$

□(2) $\left(x+\dfrac{2}{3}\right)\left(x-\dfrac{2}{3}\right)$

□(3) $(5+a)(5-a)$

□(4) $(x-0.5)(x+0.5)$

⑥ 次の式を展開しなさい。

□(1) $(3x-6)(3x-5)$

□(2) $(xy+2)(xy-6)$

□(3) $(4a-3b)^2$

□(4) $(6+3x)(3x-2)$

⑦ 次の計算をしなさい。

□(1) $(x+3)(x+5)-(x+2)^2$

□(2) $(x-5)^2+(x+3)(x-3)$

□(3) $(x-y+4)(x-y-1)$

□(4) $(a-b+5)^2$

⑧ $x=4$，$y=-\dfrac{1}{2}$ のときの，次の式の値を求めなさい。

□(1) $(x+y)^2-(x-y)^2$

□(2) $(2x+y)^2+(2x-y)(2x+y)$

⑨ 次の ▢ にあてはまる数を求めなさい。

□(1) $(x+7)\left(x+\boxed{}\right)=x^2+\boxed{}x+7$

□(2) $\left(x-\boxed{}\right)^2=x^2-4x+\boxed{}$

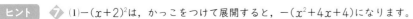

ヒント ⑦ (1)$-(x+2)^2$は，かっこをつけて展開すると，$-(x^2+4x+4)$になります。

⑨ 展開の公式にあてはめて考えると，▢ の中の数が決まります。

1章 多項式
2節 因数分解
① 因数分解／② 公式による因数分解

●共通な因数をくくり出す因数分解

教科書 p.26〜27

例題 1 次の式を因数分解しなさい。 ▶▶**1**

(1) $ab + ac$ (2) $8a - 12ab$

考え方 共通な因数を見つけて，分配法則を使って共通な因数をくくり出します。

答え (1) $ab + ac$

$= \underline{a} \times b + \underline{a} \times c$) 共通な因数を見つける

$= \boxed{①} \left(\boxed{②} \right)$) 共通な因数をくくり出す

(2) $8a - 12ab$

$= \underline{4a} \times 2 - \underline{4a} \times 3b$) 共通な因数を見つける

$= \boxed{③} \left(\boxed{④} \right)$) 共通な因数をくくり出す

> **プラスワン** 因数，因数分解
>
> 1つの式をいくつかの単項式や多項式の積の形に表すとき，その1つ1つの式を，もとの式の**因数**といいます。多項式を因数の積の形に表すことを，その多項式を**因数分解する**といいます。
>
> | 因数分解 |
> | $mx + my \xrightarrow{\hspace{1cm}} m(x + y)$ |
> | 展開 |

●公式による因数分解

教科書 p.28〜31

例題 2 次の式を因数分解しなさい。 ▶▶**2 3**

(1) $x^2 - 5x + 6$ (2) $x^2 - 8x + 16$ (3) $x^2 - 49$

考え方 因数分解の公式を使います。

公式1′ $x^2 + (a + b)x + ab = (x + a)(x + b)$

公式2′ $x^2 + 2ax + a^2 = (x + a)^2$

公式3′ $x^2 - 2ax + a^2 = (x - a)^2$

公式4′ $x^2 - a^2 = (x + a)(x - a)$

xの項がなければ公式4′が使えそうです。

答え (1) 積が6，和が−5になる整数の組を見つける。

$x^2 - 5x + 6$

$= \boxed{①}$) 右の表から，整数の組を見つけて，公式1′を使う

和が−5	積が6
×	1 と 6
×	2 と 3
×	−1と−6
○	−2と−3

(2) $16 = \boxed{②}^2$, $8 = 2 \times \boxed{②}$ だから，

$x^2 - 8x + 16 = \boxed{③}$ ←公式3′を使う

(3) $49 = \boxed{④}^2$ だから，

$x^2 - 49 = x^2 - \boxed{④}^2 = \left(x + \boxed{④} \right) \left(x - \boxed{④} \right)$ ←公式4′を使う

1 【共通な因数をくくり出す因数分解】次の式を因数分解しなさい。

教科書 p.27Q1, 2

□(1) $3x - 9$　　　　　　　□(2) $x^2 + x$

⚠ミスに注意
共通な因数はすべてく
くり出します。

□(3) $5ab + 20bc$　　　　　□(4) $x^2y - 7xy$

2 【積と和から2数を見つける】$x^2 + 2x - 8$ の因数分解のしかたを考えます。次の(1)〜(3)に

答えなさい。

教科書 p.28 活動 1

□(1) 2つの数の積が -8 になる整数の組をすべて答えなさい。

□(2) (1)で，2つの数の和が2になる整数の組を答えなさい。

□(3) $x^2 + 2x - 8$ を因数分解しなさい。

3 【公式による因数分解】次の式を因数分解しなさい。

教科書 p.28〜31例2, 3, 5, 活動6

□(1) $x^2 + 5x + 4$　　　　　□(2) $x^2 - 7x + 10$

●キーポイント
(1)〜(4)は，積が定数項
の数になる整数の組を
見つけてから，和が x
の係数になる整数の組
を見つけましょう。

□(3) $x^2 + 2x - 35$　　　　　□(4) $x^2 - x - 12$

□(5) $x^2 + 12x + 36$　　　　□(6) $x^2 - 14x + 49$

□(7) $x^2 - 81$　　　　　　　□(8) $-9 + x^2$

例題の答え **1** ①a ②$b+c$ ③$4a$ ④$2-3b$ **2** ①$(x-2)(x-3)$ ②4 ③$(x-4)^2$ ④7

1
章

教科書26〜31ページ

● いろいろな式の因数分解

教科書 p.32～33

例題 1 次の式を因数分解しなさい。　▶▶**1**

(1) $3x^2y - 75y$

(2) $x(y+4) + 7y + 28$

考え方 (1) 各項に共通な因数をくくり出します。さらに因数分解できるかどうかを考えます。

(2) $7y + 28$について，共通な因数をくくり出します。

答え (1) $3x^2y - 75y$

$\quad = 3y\left(\boxed{①}\right)$ ⟩共通な因数をくくり出す

$\quad = \boxed{②}$ ⟩公式を使って因数分解する

(2) $x(y+4) + \underline{7y + 28}$

$\quad = x(y+4) + \boxed{③}(y+4)$ ⟩共通な因数7をくくり出す

$\quad = \left(\boxed{④}\right)(y+4)$ ⟩共通な因数 $y+4$ をくくり出す

例題 2 次の式を因数分解しなさい。　▶▶**2 3**

(1) $16x^2 - 8x + 1$

(2) $(x-4)^2 + 2(x-4) - 3$

考え方 (1) $16x^2 = (4x)^2$だから，$4x$をひとまとまりにみて，因数分解の公式を使います。

(2) $x-4$をひとまとまりにみて，因数分解の公式を使います。

答え (1) $16x^2 - 8x + 1$

$\quad = (4x)^2 - 2 \times 1 \times 4x + 1$ ⟩$4x$をひとまとまりにみる

$\quad = \left(\boxed{①}\right)^2$ ⟩因数分解の公式3′ $x^2 - 2ax + a^2 = (x-a)^2$ を使う

(2) $x-4 = A$と置くと，

$\quad (x-4)^2 + 2(x-4) - 3 = A^2 + 2A - 3$ ⟩積が-3，和が2になる整数の組を見つけて，因数分解の公式1′

$\qquad\qquad\qquad\qquad\qquad = (A+3)(A-1)$ $x^2 + (a+b)x + ab = (x+a)(x+b)$ を使う

$\quad A$を$x-4$に戻すと，

$\quad (A+3)(A-1) = \left(\boxed{②}+3\right)\left(\boxed{②}-1\right)$

$\qquad\qquad\qquad = \left(\boxed{③}\right)(x-5)$

● 因数分解の公式の利用

教科書 p.34

例題 3 $26^2 - 24^2$を工夫して計算しなさい。　▶▶**4 5**

考え方 因数分解の公式4′ $x^2 - a^2 = (x+a)(x-a)$を使います。

答え $26^2 - 24^2 = (26+24) \times (26-24)$

$\qquad\qquad = 50 \times 2 = \boxed{}$

1 【いろいろな式の因数分解】次の式を因数分解しなさい。

教科書 p.32例1, p.33Q3

□(1) $2x^2 + 16x + 14$

□(2) $5a^2 - 30a + 45$

□(3) $2a(b-1) + 3b - 3$

□(4) $xy - 6x + y - 6$

●キーポイント
(4) $xy - 6x$について, 共通な因数xをくくり出します。

2 【いろいろな式の因数分解】次の式を因数分解しなさい。

教科書 p.32 例2

□(1) $4x^2 - 20x + 25$

□(2) $9x^2 + 24x + 16$

□(3) $16a^2 - 49$

□(4) $25x^2 - 30xy + 9y^2$

●キーポイント
(4) $25x^2 = (5x)^2$, $9y^2 = (3y)^2$だから, $5x$, $3y$をそれぞれひとまとまりにみます。

3 【いろいろな式の因数分解】次の式を因数分解しなさい。

教科書 p.33 例4

□(1) $(x+2)^2 + 7(x+2) + 10$

□(2) $(x-5)^2 - 3(x-5) - 4$

□(3) $(x+4)^2 - 12(x+4) + 36$

□(4) $(a+3)^2 - 16$

4 【計算の工夫】次の式を工夫して計算しなさい。

教科書 p.34 例1

□(1) $81^2 - 19^2$

□(2) $45^2 \times 3.14 - 35^2 \times 3.14$

5 【式の値】$x = 59$, $y = 31$のときの, 式$x^2 + y^2 + 2xy$の値を求めなさい。

教科書 p.34 活動2

□

●キーポイント
式を因数分解します。

例題の答え **1** ①$x^2 - 25$ ②$3y(x+5)(x-5)$ ③7 ④$x+7$ **2**①$4x-1$ ②$x-4$ ③$x-1$ **3**100

● 数の性質と式の利用

教科書 p.36〜37

☐ 例題 **1**
連続する2つの奇数の積に1を加えると，2つの奇数にはさまれる偶数(ぐうすう)の2乗になります。このことを証明しなさい。　▶▶ **1 2**

考え方　連続する2つの奇数を文字を使って表します。

式を利用して，数の性質を証明する問題は，次の手順で解きます。

① 証明する数を文字に表す。　② 問題文から式をつくる。

③ 証明した形に変形する。　④ 結論を示す。

証明　連続する2つの奇数は，n を整数とすると，

小さいほうは $2n-1$，大きいほうは〔①　　　　　〕と表すことができる。

この2つの奇数の積に1を加えると，

$$(2n-1)\left(①\right)+1=(2n)^2-1^2+1$$

$$=\left(②\right)^2$$

$$2n-1,\ \ 2n,\ \ 2n+1$$
$$+1\ \ +1$$

〔②　　　　〕は，$2n-1$ と〔①　　　　〕にはさまれた偶数を表している。

よって，連続する2つの奇数の積に1を加えると，その2つの奇数にはさまれる偶数の2乗になる。

● 図形の性質と式の利用

教科書 p.38〜39

☐ 例題 **2**
1辺が a m の正方形の土地⑦があります。土地⑦は土地⑦の1辺の長さより，縦は b m 長く，横は b m 短いです。$a>b$ のとき，土地⑦の面積は土地⑦の面積より b^2 m^2 広いことを証明しなさい。　▶▶ **3**

考え方　土地⑦の面積，土地⑦の面積の順に a を使って表し，問題に与えられている条件について考えます。土地⑦は，縦が $(a+b)$ m，横が $(a-b)$ m です。

証明　土地⑦の面積は a^2 m^2，土地⑦の面積は

$(a+b)\left(①\right)$ m^2 だから，

$$a^2-(a+b)\left(①\right)$$

$$=a^2-\left(②\right)$$

$$=b^2$$

よって，土地⑦の面積は土地⑦の
面積より b^2 m^2 広い。

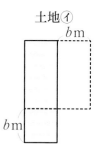

土地⑦
a m
a m

土地⑦
b m
b m

1 【数の性質と式の利用】連続する2つの偶数の積に1を加えた数は，奇数の2乗になります。このことについて，次の(1)，(2)に答えなさい。 教科書 p.36～37

☐(1) 小さいほうの偶数を$2n$(nは整数)とするとき，大きいほうの偶数をnを使った式で表しなさい。

☐(2) 連続する2つの偶数の積に1を加えた数は奇数の2乗になることを証明しなさい。

2 【数の性質と式の利用】連続する2つの奇数の積に1を加えると，4の倍数になります。このことを証明しなさい。 教科書 p.36～37

●キーポイント
2つの奇数をnを使った式で表します。

3 【図形の性質と式の利用】右の図1は，1辺がaの正方形から1辺がbの正方形を切り取った図です。これについて，次の(1)，(2)に答えなさい。 教科書 p.38～39

☐(1) 図1の色のついた部分の面積をa，bを使った式で表しなさい。

図1

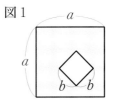

図2

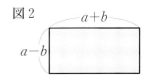

●キーポイント
図形の面積を文字を使って表し，式を簡単な形に変形して考えます。

☐(2) 図1の色のついた部分の面積と，図2の長方形の面積が等しいことを証明しなさい。

例題の答え **1** ①$2n+1$ ②$2n$ **2** ①$a-b$ ②a^2-b^2

❶ 次の式を因数分解しなさい。

☐(1) $mx-2m$

☐(2) $7ab-14ac$

☐(3) $3a^2b-6ab^2-3abc$

☐(4) $3x^3y+x^2y^3-x^2y$

 ❷ 次の式を因数分解しなさい。

☐(1) x^2-2x-8

☐(2) $y^2-2y-15$

☐(3) $x^2-6xy+9y^2$

☐(4) $x^2+x+\dfrac{1}{4}$

☐(5) $4-a^2$

☐(6) $y^2-\dfrac{1}{49}$

 ❸ 次の式を因数分解しなさい。

☐(1) $-a-12+a^2$

☐(2) $2x^2+2x-24$

☐(3) $8x^2y-18y^3$

☐(4) $3x^2-30x+75$

❹ 次の式を因数分解しなさい。

☐(1) $(2a+1)^2-6(2a+1)+5$

☐(2) $xy-x+2y-2$

☐(3) $x^2-10x+25-4y^2$

☐(4) $a^2-b^2-12b-36$

ヒント ❶ 各項の共通な因数を見つけます。
❹ (4)$-b^2-12b-36$を「−（マイナス）」でくくります。

●因数分解の公式も確実に覚えておこう。
因数分解は，展開を逆にみたものだから，公式も逆にみることができるよ。また，因数分解するときは，まず，共通な因数があるかを確認し，あればくくり出そう。

5 $x = 107$，$y = 7$ のときの，式 $-x^2 + 2xy - y^2$ の値を求めなさい。

6 連続する2つの奇数の2乗の差は，8の倍数になることを証明しなさい。

7 線分AB，AC，CBを直径とする半円を右の図のようにかきます。$AC = 4x$，$CB = 4y$ として，色のついた部分の面積を x，y を使った式で表しなさい。

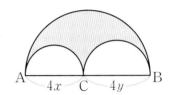

8 1辺が a m の正方形の花壇の周囲に，右の図のような幅 b m の道を作りました。この道の真ん中を通る線（図の点線）を測ったら ℓ m でした。道の面積を S m² とすると，$S = b\ell$ となることを証明しなさい。

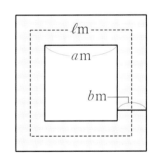

9 右の図のような図形があります。この図形の面積と等しい長方形を作るとき，縦と横の長さをどのようにすればよいですか。それぞれ，x の1次式で表しなさい。ただし，縦の長さは，横の長さより短いとします。

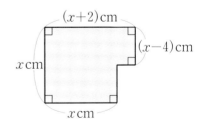

ヒント 　**7** 直径の長さから半径の長さを求め，公式を使って面積を求めます。
　　　　9 図形の面積は，1辺 x cmの正方形の面積と縦 $(x-4)$ cm，横2cmの長方形の面積の和になります。

❶ 次の計算をしなさい。知

(1)　$-2ab(4a-5b)$　　　(2)　$(15xy-6xy^2)\div3xy$

❷ 次の式を展開しなさい。知

(1)　$(x+5)(2x-1)$　　　(2)　$(x+9)(x-2)$

(3)　$(x-8)(x+1)$　　　(4)　$\left(y-\dfrac{1}{3}\right)^2$

(5)　$(b+8)(b-8)$　　　(6)　$(3x-1)(3x-6)$

(7)　$(2a+5)^2$　　　(8)　$(x+1)(x-3)-(x+5)^2$

点UP (9)　$(x-y+2)(x+y-2)$

❸ 次の式を工夫して計算しなさい。知

(1)　301×299　　　(2)　498^2

❹ 次の　　　にあてはまる数を求めなさい。知

(1)　$\left(x-\boxed{①}\right)^2=x^2-12x+\boxed{②}$

(2)　$x^2+\dfrac{1}{2}x+\boxed{①}=\left(x+\boxed{②}\right)^2$

❶　点／6点（各3点）

(1)	
(2)	

❷　点／27点（各3点）

(1)	
(2)	
(3)	
(4)	
(5)	
(6)	
(7)	
(8)	
(9)	

❸　点／10点（各5点）

(1)	
(2)	

❹　点／12点（各3点）

(1)	①
	②
(2)	①
	②

成績評価の観点　知…数量や図形などについての知識・技能　考…数学的な思考・判断・表現

❺ 次の式を因数分解しなさい。知

(1) $15x^2y - 3xy^2$

(2) $x^2 - 5x - 24$

(3) $9x^2 - 49$

(4) $x^2 - 16x + 64$

(5) $2x^2 - 18y^2$

(6) $3ab^2 + 24ab + 48a$

(7) $x^2 + 4xy - 21y^2$

(8) $(y-2)^2 - 5(y-2) - 24$

(9) $ab - 4b + 6a - 24$

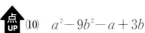 (10) $a^2 - 9b^2 - a + 3b$

❺ 点／30点(各3点)

(1)	
(2)	
(3)	
(4)	
(5)	
(6)	
(7)	
(8)	
(9)	
(10)	

1章
教科書12〜41ページ

❻ 連続する3つの整数について，3つの整数の積に真ん中の数を加えた数は，真ん中の数の3乗になることを証明しなさい。考

❻ 点／7点

❼ 右の図のように，同じ中心Oの2つの円の半径をそれぞれ a, b とするとき，色のついた部分の面積は，

$$\pi(a+b)(a-b)$$

であることを証明しなさい。考

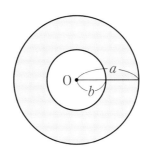

❼ 点／8点

● 単項式と多項式の乗法，除法

・単項式と多項式との乗法は，分配法則 $a(b+c)=ab+ac$ を使って計算することができる。

（例）　$2x(x-3y)=2x×x+2x×(-3y)$
$$=2x^2-6xy$$

・多項式を単項式でわる除法は，分数の形にするか，乗法になおして計算する。

（例）　方法1　$(4x^2-6xy)÷2x$
$$=\frac{4x^2-6xy}{2x}$$
$$=\frac{4x^2}{2x}-\frac{6xy}{2x}$$
$$=2x-3y$$

　　　方法2　$(4x^2-6xy)÷2x$
$$=(4x^2-6xy)×\frac{1}{2x}$$
$$=4x^2×\frac{1}{2x}-6xy×\frac{1}{2x}$$
$$=2x-3y$$

● 式の展開

・単項式と多項式との積や，多項式と多項式との積の形をした式を1つの多項式に表すことを，もとの式を**展開する**という。

・$(a+b)(c+d)=ac+ad+bc+bd$

[注意]　式を展開して，同類項があれば，分配法則 $ax+bx=(a+b)x$ を使って1つの項にまとめる。

● 展開の公式

・公式1　$(x+a)(x+b)$
$$=x^2+(a+b)x+ab$$

・公式2　$(x+a)^2=x^2+2ax+a^2$

・公式3　$(x-a)^2=x^2-2ax+a^2$

・公式4　$(x+a)(x-a)=x^2-a^2$

● いろいろな式の展開

多項式の乗法では，複雑な式でも，共通する式の一部をひとまとまりにみると，展開の公式が使える場合がある。

● 因数分解

・1つの式をいくつかの単項式や多項式の積の形に表すとき，その1つ1つの式を，もとの式の**因数**という。

・多項式を因数の積の形に表すことを，その多項式を**因数分解する**という。

・因数分解は，式の展開を逆にみたものである。

・多項式の各項に共通な因数があるときは，分配法則 $mx+my=m(x+y)$ を使って，共通な因数をかっこの外にくくり出して，多項式を因数分解することができる。

[注意]　因数分解ができなくなるまで共通な因数をくくり出す。

（例）　$3ab-6b^2=3b(a-2b)$

● 因数分解の公式

・公式1'　$x^2+(a+b)x+ab$
$$=(x+a)(x+b)$$

・公式2'　$x^2+2ax+a^2=(x+a)^2$

・公式3'　$x^2-2ax+a^2=(x-a)^2$

・公式4'　$x^2-a^2=(x+a)(x-a)$

● 計算の工夫

展開の公式や因数分解の公式を活用して，工夫して計算することができる。

（例）　$201^2=(200+1)^2$
$$=200^2+2×1×200+1^2$$
$$=40401$$
$$28^2-22^2=(28+22)(28-22)$$
$$=50×6$$
$$=300$$

2章　平方根

次の学習に入る前に取り組もう。

□展開の公式

← 中学3年

1 $(x+a)(x+b)=x^2+(a+b)x+ab$
2 $(x+a)^2=x^2+2ax+a^2$
3 $(x-a)^2=x^2-2ax+a^2$
4 $(x+a)(x-a)=x^2-a^2$

2
章

1 次の計算をしなさい。

← 中学1年〈同じ数の積〉

$a^2=a\times a$ なので，
指数の数だけかける
と……

(1)　2^2

(2)　5^2

(3)　$(-4)^2$

(4)　$(-10)^2$

(5)　0.1^2

(6)　$(-1.3)^2$

(7)　$\left(\dfrac{2}{3}\right)^2$

(8)　$\left(-\dfrac{3}{4}\right)^2$

2 次の分数を小数で表しなさい。

← 小学5年〈分数と小数〉

分数を小数で表すに
は，分子を分母でわ
って……

(1)　$\dfrac{2}{5}$

(2)　$\dfrac{3}{4}$

(3)　$\dfrac{5}{8}$

(4)　$\dfrac{3}{20}$

(5)　$\dfrac{16}{5}$

(6)　$\dfrac{6}{25}$

1節　平方根
① 平方根とその表し方

●平方根

教科書 p.46〜47

□ 例題 **1** 49の平方根（へいほうこん）を求めなさい。 ▶▶ **1**

考え方　2乗すると49になる数を求めます。

答え　2乗すると49になる数は、

正の数では $\boxed{①}$ ，負の数では $\boxed{②}$ ← $7^2 = 49$，$(-7)^2 = 49$

7と−7の絶対値は等しい

だから，49の平方根は $\boxed{①}$ と $\boxed{②}$

プラスワン 平方根

2乗すると a になる数を，a の**平方根**といいます。
1　正の数の平方根は2つあって，それらの絶対値は等しく，符号（ふごう）は異なる。
2　0の平方根は0である。
3　負の数の平方根はない。

●根号を使って表す

教科書 p.47

□ 例題 **2** 15の平方根を，根号（こんごう）を使って表しなさい。 ▶▶ **2**

考え方　正の数の平方根には，正の数と負の数の2つが
あります。

答え　15の平方根の

正のほうは $\sqrt{15}$，

負のほうは $\boxed{}$

まとめて表すと
$\pm\sqrt{15}$です。

プラスワン 根号

記号 $\sqrt{}$ を**根号**といいます。
正の数 a の平方根の正のほうを $\sqrt{a}$，
負のほうを $-\sqrt{a}$ と表し，$\sqrt{a}$ を
ルート a と読みます。

●根号を使わないで表す

教科書 p.48

□ 例題 **3** 次の数を，根号を使わないで表しなさい。 ▶▶ **3 4**

(1) $\sqrt{81}$ (2) $(\sqrt{6})^2$

考え方　(1)　根号の中がある数の2乗になれば，根号を使わないで表すことができます。

(2)　$\sqrt{6}$ が6の平方根であることから考えます。

答え　(1)　$81 = \boxed{①}{}^2$ だから，$\sqrt{81} = \boxed{①}$

(2)　$\sqrt{6}$ は6の平方根だから，2乗すると $\boxed{②}$ になる。

したがって，$(\sqrt{6})^2 = \boxed{②}$

$\sqrt{6}$ 　2乗→ 6
$-\sqrt{6}$ ←平方根

色対理解 1 【平方根】次の数の平方根を求めなさい。

教科書 p.47 Q1

□(1) 16　　　　　　　　　　　□(2) 1

□(3) 0.25　　　　　　　　　　□(4) $\dfrac{1}{9}$

●キーポイント
正の数の平方根は，正の数と負の数の2つがあります。

色対理解 2 【根号を使って表す】次の数の平方根を，根号を使って表しなさい。

教科書 p.47 Q2

□(1) 6　　　　　　　　　　　□(2) 19

□(3) 0.5　　　　　　　　　　□(4) $\dfrac{1}{3}$

よく出る 3 【根号を使わないで表す】次の数を，根号を使わないで表しなさい。

教科書 p.48 例3

□(1) $\sqrt{49}$　　　　　　　　　□(2) $-\sqrt{4}$

□(3) $-\sqrt{\dfrac{9}{64}}$　　　　　　　□(4) $\sqrt{0.09}$

□(5) $-\sqrt{3^2}$　　　　　　　　□(6) $\sqrt{(-4)^2}$

⚠️ミスに注意
(6) $\sqrt{(-4)^2}$は-4になりません。
$\sqrt{(-4)^2}=\sqrt{16}$

4 【根号を使わないで表す】次の(1)〜(4)は，どんな数になりますか。

教科書 p.48 例4

□(1) $(\sqrt{15})^2$　　　　　　　□(2) $(-\sqrt{64})^2$

□(3) $\left(\sqrt{\dfrac{3}{5}}\right)^2$　　　　　　　□(4) $(-\sqrt{0.07})^2$

例題の答え 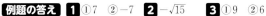 **1** ①7 ②-7 **2** $-\sqrt{15}$ **3** ①9 ②6

2章 平方根

1節 平方根
② 平方根の大小／③ 近似値と有効数字／④ 有理数と無理数

● 平方根の大小

教科書 p.49

例題 1 次の各組の数の大小を，不等号を使って表しなさい。 ▶▶ **1**

(1) $\sqrt{3}$，$\sqrt{5}$ (2) $\sqrt{6}$，2

考え方 a，b が正の数で，$a < b$ ならば $\sqrt{a} < \sqrt{b}$ です。

(1) 根号の中の数を比べます。 (2) 2乗した数になおしてから比べます。

答え (1) 3 < 5 だから，

$\sqrt{3}$ ①〔　〕 $\sqrt{5}$

(2) $(\sqrt{6})^2 = 6$，$2^2 = 4$

6 > 4 だから，$\sqrt{6}$ ②〔　〕 $\sqrt{4}$

よって，$\sqrt{6}$ ②〔　〕 2

● 近似値と有効数字

教科書 p.50〜51

例題 2 はるかさんの家から図書館までの道のりは，約 1700 m です。このとき，次の(1)，(2)に答えなさい。 ▶▶ **2**

(1) 道のりを四捨五入して 100 m の位までで表しているときの有効数字を求めなさい。

(2) 道のりを，有効数字を2桁として，整数部分が1桁の小数と10の累乗との積の形で表しなさい。

考え方 近似値で表したとき，信頼できる数字を有効数字といいます。

答え (1) 100 m の位までで表しているから，1，①〔　〕

(2) 有効数字が 1，7 の2桁だから，②〔　〕 $\times 10^3$ m

> **プラスワン** 近似値
>
> 測定値のように，真の値に近い値を<u>近似値</u>といいます。

● 有理数と無理数

教科書 p.52〜53

例題 3 次の⑦〜⊆の数のうち，有理数はどれですか。また，無理数はどれですか。▶▶ **3 4**

⑦ $-\sqrt{49}$ ④ $\sqrt{17}$ ⑦ $\sqrt{\dfrac{1}{9}}$ ⊆ $\dfrac{\sqrt{3}}{2}$

考え方 根号の中が有理数の2乗になっているとき以外，平方根はすべて無理数です。

したがって，根号の中が有理数の2乗になるかどうかを考えます。

答え ⑦ $-\sqrt{49} = -\sqrt{\left(\text{①〔　〕}\right)^2}$ ← $-7 = -\dfrac{7}{1}$

⑦ $\sqrt{\dfrac{1}{9}} = \sqrt{\left(\text{②〔　〕}\right)^2}$ ← $\dfrac{1}{3}$

④，⊆は，根号の中を有理数の2乗で表すことができない。

有理数は ③〔　〕 と⑦，無理数は ④〔　〕 と⊆

> **プラスワン** 有理数，無理数
>
> a を整数，b を 0 でない整数としたとき，分数 $\dfrac{a}{b}$ の形で表すことができる数を<u>有理数</u>，表すことができない数を<u>無理数</u>といいます。

1 【平方根の大小】次の各組の数の大小を，不等号を使って表しなさい。 教科書 p.49 例2

□(1) $\sqrt{13}$, $\sqrt{11}$　　　　□(2) 8, $\sqrt{63}$

⚠ ミスに注意
負の数は，絶対値が大きい数ほど小さくなることに注意しましょう。

□(3) $-\sqrt{17}$, $-\sqrt{10}$　　　　□(4) $-\sqrt{35}$, -6

2
章

教科書
49
〜
53
ペ
ー
ジ

2 【有効数字】次の(1)，(2)に答えなさい。 教科書 p.51 たしかめ1，例2

□(1) あるものの重さを10gの位まで測ったら，100gでした。このときの有効数字を求めなさい。

●キーポイント
有効数字を明らかにし，位取りの数字と区別するために，近似値を
（整数部分が1桁の小数）×（10の累乗）
の形で表すことがあります。

□(2) 学校から駅までの道のりが約2310mであるとき，有効数字を3桁として，整数部分が1桁の小数と10の累乗との積の形で表しなさい。

3 【有理数と無理数】次の⑦〜⓪の数のうち，有理数はどれですか。また無理数はどれですか。記号で答えなさい。 教科書 p.52 Q1

⑦ 0.04　　　　④ $\sqrt{10}$

⑦ $\sqrt{0.4}$　　　　④ $\sqrt{\dfrac{4}{25}}$

4 【有限小数と循環小数】次の⑦〜⑦の有理数のうち，小数で表したときに有限小数（ゆうげんしょうすう）になるものはどれですか。記号で答えなさい。 教科書 p.53

⑦ $\dfrac{24}{9}$　　　　④ $\dfrac{11}{4}$　　　　⑦ $\dfrac{4}{33}$

●キーポイント
終わりのある小数を有限小数，いくつかの数字が同じ順序でくり返し現れる小数を循環小（じゅんかんしょう）数（すう）といいます。

❶ 面積が $3\pi\,\mathrm{cm}^2$ の円があります。これについて，次の(1)，(2)に
　答えなさい。

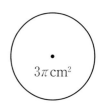

$3\pi\,\mathrm{cm}^2$

□(1)　この円の半径を求めなさい。

□(2)　この円の半径を，小数第3位を四捨五入して，小数第2位まで求めなさい。

❷ 次の数の平方根を求めなさい。

□(1)　64　　　　　　　　　　　　　□(2)　0.7

□(3)　$\dfrac{25}{49}$　　　　　　　　　　　　□(4)　$\dfrac{1}{3}$

❸ 次の数を，根号を使わないで表しなさい。

□(1)　$\sqrt{196}$　　　　　　　　　　　□(2)　$-\sqrt{900}$

□(3)　$\sqrt{0.7^2}$　　　　　　　　　　□(4)　$(-\sqrt{20}\,)^2$

❹ 次の各組の数の大小を，不等号を使って表しなさい。

□(1)　$\sqrt{80}$, 9　　　　　　　　　　□(2)　2, $\sqrt{5}$

□(3)　$\dfrac{1}{5}$, $\sqrt{\dfrac{1}{5}}$　　　　　　　　　□(4)　$-\sqrt{\dfrac{1}{3}}$, -0.3

❺ あるものの長さを測ったところ，次のような値を得ました。このとき，それぞれの真の値
　を $a\,\mathrm{m}$ とし，a の範囲を，不等号を使って表しなさい。

□(1)　3m　　　　　　　　　　　　　□(2)　0.41m

ヒント　❹ 2つの値をそれぞれ2乗して，大小を比べます。
　　　　❺ 測定値を，どの位で四捨五入しているかに注意します。

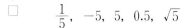

●平方根の表し方をしっかりと理解しよう。
平方根を求める問題では，0以外，すべて答えは正と負の2つあるよ。また，平方根の大小を
比べる問題はよく出されるので，それぞれの数を2乗して比べることを覚えておこう。

6 次の数は，それぞれ右の図のA～Dのどこに入りますか。

$\dfrac{1}{5}$, -5, 5, 0.5, $\sqrt{5}$

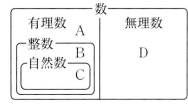

7 aを正の整数とするとき，$2<\sqrt{a}<3$を成り立たせるaの値をすべて求めなさい。

8 次の等式が成立するように，□内に＋，－，×，÷のいずれかの記号を入れなさい。同じ
記号を何度用いてもよい。

$\sqrt{1\ \square\ 9\ \square\ 9\ \square\ 6}=8$

9 次の(1)～(3)に答えなさい。

(1) $\sqrt{7}$より大きく，$\sqrt{30}$より小さい整数をすべて求めなさい。

(2) $\sqrt{50}$の整数部分の値を求めなさい。

(3) $a<-\sqrt{69}<a+1$を満たす整数aの値を求めなさい。

10 $\sqrt{5}$の小数部分をaとするとき，aの値を求めなさい。

 ヒント **8** それぞれの辺を2乗して，1□9□9□6＝64として考えます。
10 （小数部分）＝$\sqrt{5}$－（整数部分）で求めます。

2章　平方根
2節　根号をふくむ式の計算
①／②／③

●根号をふくむ数の乗法，除法　　　　　　　　　　　　　　　教科書 p.56〜57

例題 1　次の計算をしなさい。　　　　　　　　　　　　　　▶▶**1**

(1)　$\sqrt{3} \times \sqrt{5}$　　　　　　　　　　(2)　$\sqrt{21} \div \sqrt{7}$

考え方　(1)　$a > 0$，$b > 0$ のとき，$\sqrt{a} \times \sqrt{b} = \sqrt{ab}$

　　　　(2)　$a > 0$，$b > 0$ のとき，$\sqrt{a} \div \sqrt{b} = \dfrac{\sqrt{a}}{\sqrt{b}} = \sqrt{\dfrac{a}{b}}$

答え　(1)　$\sqrt{3} \times \sqrt{5} = \sqrt{3 \times 5} = \sqrt{\boxed{①}}$

　　　(2)　$\sqrt{21} \div \sqrt{7} = \dfrac{\sqrt{21}}{\sqrt{7}} = \sqrt{\dfrac{21}{7}} = \sqrt{\boxed{②}}$

●根号をふくむ数の変形　　　　　　　　　　　　　　　　　　教科書 p.58〜59

例題 2　次の(1)，(2)に答えなさい。　　　　　　　　　▶▶**2**〜**4**

(1)　$5\sqrt{2}$ を，$\sqrt{a}$ の形にしなさい。　　(2)　$\sqrt{28}$ を，$a\sqrt{b}$ の形にしなさい。

考え方　$a > 0$，$b > 0$ のとき，$\sqrt{a^2 b} = a\sqrt{b}$ です。

答え　(1)　$5\sqrt{2}$　　　　　$\Big)\ 5 = \sqrt{5^2} = \sqrt{25}$
　　　　　　$= \sqrt{25} \times \sqrt{2}$
　　　　　　$= \sqrt{25 \times 2}$
　　　　　　$= \sqrt{\boxed{①}}$

　　　(2)　$\sqrt{28}$　　　　　$\Big)$ 素因数分解
　　　　　　$= \sqrt{2^2 \times 7}$
　　　　　　$= \sqrt{2^2} \times \sqrt{7}$
　　　　　　$= \boxed{②}\,\sqrt{\boxed{③}}$　　$\Big)\ \sqrt{a^2 \times b} = a\sqrt{b}$

ここがポイント　　できるだけ小さい自然数にする

$\sqrt{4} = 2,\ \sqrt{9} = 3,\ \sqrt{16} = 4,$
$\sqrt{25} = 5,\ \sqrt{36} = 6,\ \cdots$

●分母の有理化と数の近似値　　　　　　　　　　　　　　　　教科書 p.60〜61

例題 3　$\dfrac{6}{\sqrt{3}}$ の分母を有理化しなさい。　　　　　　▶▶**5 6**

考え方　分母と分子に $\sqrt{3}$ をかけて，分母に根号のない形にします。

答え　$\dfrac{6}{\sqrt{3}} = \dfrac{6 \times \boxed{①}}{\sqrt{3} \times \boxed{①}}$　$\Big)\ \dfrac{\overset{2}{6}\sqrt{3}}{\underset{1}{3}}$

　　　　　　$= \boxed{②}$

分母に根号のない形になおすことを，分母を有理化するといいます。

1 【根号をふくむ数の乗法，除法】次の計算をしなさい。　教科書 p.57 例 1，2

□(1)　$\sqrt{2} \times \sqrt{11}$　　　　　　　　□(2)　$\sqrt{7} \times \sqrt{3}$

□(3)　$\sqrt{12} \div \sqrt{6}$　　　　　　　　　□(4)　$\sqrt{27} \div \sqrt{3}$

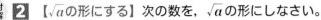 **2** 【$\sqrt{a}$ の形にする】次の数を，$\sqrt{a}$ の形にしなさい。　教科書 p.58 例 1

□(1)　$3\sqrt{6}$　　　　　　　　　　　□(2)　$4\sqrt{5}$

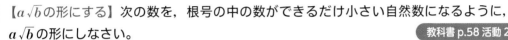 **3** 【$a\sqrt{b}$ の形にする】次の数を，根号の中の数ができるだけ小さい自然数になるように，$a\sqrt{b}$ の形にしなさい。　教科書 p.58 活動 2

□(1)　$\sqrt{96}$　　　　　　　　　　　□(2)　$\sqrt{147}$

4 【根号の中に分数や小数をふくむ数の変形】次の数を変形しなさい。　教科書 p.59 例 4

□(1)　$\sqrt{\dfrac{2}{25}}$　　　　　　　　　　□(2)　$\sqrt{0.06}$

●キーポイント

$\sqrt{\dfrac{a}{b}} = \dfrac{\sqrt{a}}{\sqrt{b}}$ を使って考えます。

5 【分母の有理化】次の数の分母を有理化しなさい。　教科書 p.60 例 2

□(1)　$\dfrac{\sqrt{2}}{\sqrt{3}}$　　　　　　　　　　□(2)　$\dfrac{5}{4\sqrt{5}}$

6 【数の近似値】$\sqrt{2} = 1.414$ として，次の数の近似値<ruby>きんじち</ruby>を求めなさい。　教科書 p.61 Q6

□(1)　$\sqrt{200}$　　　　　　　　　　□(2)　$\sqrt{0.02}$

 例題の答え **1** ①15　②3　**2** ①50　②2　③7　**3** ①$\sqrt{3}$　②2$\sqrt{3}$

2章　平方根
2節　根号をふくむ式の計算
④／⑤

●根号をふくむ数の乗法，除法

教科書 p.62〜63

□ **例題 1**　次の計算をしなさい。　　　　▶▶

(1) $\sqrt{6} \times \sqrt{14}$ 　　　　　　(2) $4\sqrt{6} \div 2\sqrt{2}$

考え方 $(\sqrt{a})^2 = a$ や $\sqrt{ab} = \sqrt{a} \times \sqrt{b}$ を使って，式を変形して計算します。

答え
(1) $\sqrt{6} \times \sqrt{14}$
$= (\sqrt{2} \times \sqrt{3}) \times (\sqrt{2} \times \sqrt{7})$
$= (\sqrt{2})^2 \times \sqrt{3} \times \sqrt{7}$
$= \boxed{①}$

(2) $4\sqrt{6} \div 2\sqrt{2}$
$= \dfrac{4\sqrt{6}}{2\sqrt{2}}$
$= \dfrac{4\sqrt{2} \times \sqrt{3}}{2\sqrt{2}}$ ⎰ $\sqrt{6} = \sqrt{2 \times 3} = \sqrt{2} \times \sqrt{3}$
$= \boxed{②}$

●根号の中が同じ数や異なる数の加法，減法

教科書 p.64〜65

□ **例題 2**　次の計算をしなさい。　　　　▶▶

(1) $\sqrt{3} + 4\sqrt{3}$ 　　　　　　(2) $6\sqrt{5} - 3\sqrt{5}$
(3) $5\sqrt{6} + 3\sqrt{2} - 4\sqrt{6}$ 　　　(4) $\sqrt{12} + \sqrt{27}$

考え方 根号の中が同じ数どうしの計算は，分配法則を使ってまとめます。
根号の中の数をできるだけ小さい自然数になおしてから計算します。

答え
(1) $\sqrt{3} + 4\sqrt{3}$
$= (1+4)\sqrt{3}$ ⎱ $m\sqrt{a} + n\sqrt{a} = (m+n)\sqrt{a}$
$= \boxed{①}$

(2) $6\sqrt{5} - 3\sqrt{5}$
$= (6-3)\sqrt{5}$ ⎱ $m\sqrt{a} - n\sqrt{a} = (m-n)\sqrt{a}$
$= \boxed{②}$

(3) $5\sqrt{6} + 3\sqrt{2} - 4\sqrt{6}$
$= 5\sqrt{6} - 4\sqrt{6} + 3\sqrt{2}$
$= (5-4)\sqrt{6} + 3\sqrt{2}$ ⎱ 根号の中が同じ数どうしをまとめる
$= \boxed{③}$

(4) $\sqrt{12} + \sqrt{27}$
$= 2\sqrt{3} + \boxed{④}\sqrt{3}$ ⎰ $a\sqrt{b}$ の形になおす
$= \left(2 + \boxed{④}\right)\sqrt{3}$ ⎱ 分配法則を使ってまとめる
$= \boxed{⑤}$

> ここがポイント

> $a\sqrt{b}$ の形にすると，根号の中が同じ数どうしの計算になります。

1 【根号をふくむ数の乗法，除法】次の計算をしなさい。

教科書 p.62〜63Q1〜3

□(1) $\sqrt{6} \times \sqrt{26}$　　　　□(2) $\sqrt{75} \times \sqrt{20}$

●キーポイント
(1) $\sqrt{6} = \sqrt{2} \times \sqrt{3}$,
$\sqrt{26} = \sqrt{2} \times \sqrt{13}$
を使います。

□(3) $9\sqrt{15} \div 3\sqrt{3}$　　　　□(4) $\sqrt{108} \div (-2\sqrt{3})$

2 【乗法と除法の混じった計算】次の計算をしなさい。

教科書 p.63 例 4

□(1) $\sqrt{98} \times 3\sqrt{15} \div 2\sqrt{5}$　　□(2) $\dfrac{\sqrt{6}}{2} \div \sqrt{3} \times (-3\sqrt{2})$

□(3) $\sqrt{18} \div (-2\sqrt{27}) \times (-\sqrt{54})$　□(4) $-\dfrac{3\sqrt{21}}{\sqrt{24}} \div \dfrac{\sqrt{56}}{8} \div \dfrac{4}{3\sqrt{7}}$

3 【根号の中が同じ数の加法，減法】次の計算をしなさい。

教科書 p.64 例 2

□(1) $3\sqrt{2} + 4\sqrt{2}$　　　　□(2) $-6\sqrt{3} + 10\sqrt{3}$

□(3) $6\sqrt{5} - 2\sqrt{3} - 4\sqrt{5}$　　□(4) $7\sqrt{3} + 2\sqrt{6} - 3\sqrt{3}$

4 【根号の中が異なる数の加法，減法】次の計算をしなさい。

教科書 p.65 Q3

□(1) $\sqrt{8} + \sqrt{18}$　　　　□(2) $\sqrt{125} - \sqrt{80}$

●キーポイント
根号の中の数が異なる
ときは，根号の中の数
をできるだけ小さい自
然数になるように変形
すると，加法や減法が
行える場合があります。

□(3) $\sqrt{27} + \sqrt{48} - \sqrt{75}$　　□(4) $\sqrt{96} - \sqrt{24} - \sqrt{54}$

例題の答え **1** ① $2\sqrt{21}$ ② $2\sqrt{3}$ **2** ① $5\sqrt{3}$ ② $3\sqrt{5}$ ③ $\sqrt{6} + 3\sqrt{2}$ ④ 3 ⑤ $5\sqrt{3}$

2章　平方根
2節　根号をふくむ式の計算
⑥　根号をふくむいろいろな式の計算

●分母の有理化をともなう加法，減法 教科書 p.66

 $2\sqrt{3}-\dfrac{7}{\sqrt{3}}$ を計算しなさい。 ▶▶**1**

考え方 分母に根号をふくむ数がある式は，分母を有理化してから計算します。

答え $2\sqrt{3}-\dfrac{7}{\sqrt{3}}$

$= 2\sqrt{3} - \dfrac{7 \times \boxed{①}}{\sqrt{3} \times \boxed{①}}$ ⟩ 分母を有理化する

$= 2\sqrt{3} - \dfrac{7\sqrt{3}}{3}$

$= \left(2 - \dfrac{7}{3}\right) \times \boxed{②}$ ⟩ 分配法則を使って計算する

$= \boxed{③}$

●分配法則や展開の公式を使った乗法の計算 教科書 p.66〜67

例題 **2** 次の計算をしなさい。 ▶▶**2 3**

(1)　$\sqrt{3}(\sqrt{3}+\sqrt{6})$　　　　(2)　$(\sqrt{7}-\sqrt{2})^2$

考え方 (1)　分配法則 $a(b+c)=ab+ac$ を使って計算します。

(2)　展開の公式を使って計算します。

答え (1)　$\sqrt{3}(\sqrt{3}+\sqrt{6})$

$= \sqrt{3}\times\sqrt{3}+\sqrt{3}\times\sqrt{6}$

$= (\sqrt{3})^2+\sqrt{3}\times(\sqrt{3}\times\sqrt{2})$

$= \boxed{①}$

(2)　$(\sqrt{7}-\sqrt{2})^2$

$= (\sqrt{7})^2-2\times\sqrt{2}\times\sqrt{7}+(\sqrt{2})^2$ ⟩ 展開の公式3

$= 7-\boxed{②}+2$

$= \boxed{③}$

●式の値 教科書 p.67

例題 **3** $x=\sqrt{3}-2$ のときの，式 x^2-x-6 の値を求めなさい。 ▶▶**4 5**

考え方 因数分解してから，代入します。

答え x^2-x-6

$= (x+2)(x-3)$ ⟩ 因数分解する

$= \left(\boxed{①}+2\right)\left(\boxed{①}-3\right)$ ⟩ x に $\sqrt{3}-2$ を代入する

$= \sqrt{3}(\sqrt{3}-5) = \boxed{②}$

1 【分母の有理化をともなう加法，減法】次の計算をしなさい。　教科書 p.66 例 1

□(1)　$\sqrt{75}+\dfrac{3}{\sqrt{3}}$　　　　　　□(2)　$\sqrt{10}-\sqrt{\dfrac{2}{5}}$

●キーポイント
分母を有理化してから
計算します。

2 【分配法則を使った乗法の計算】次の計算をしなさい。　教科書 p.66 例 2

□(1)　$\sqrt{2}\,(\sqrt{5}+\sqrt{10}\,)$　　　　□(2)　$\sqrt{5}\,(\sqrt{5}-3)$

□(3)　$(\sqrt{6}-2\sqrt{2}\,)\times\sqrt{12}$　　　□(4)　$(\sqrt{75}+\sqrt{24}\,)\times\dfrac{1}{\sqrt{3}}$

3 【展開の公式を使った乗法の計算】次の計算をしなさい。　教科書 p.67 例 3

□(1)　$(\sqrt{6}+2)(\sqrt{6}-3)$　　　　□(2)　$(\sqrt{7}+\sqrt{3}\,)^{2}$

□(3)　$(\sqrt{5}-\sqrt{3}\,)^{2}$　　　　　□(4)　$(\sqrt{6}+2)(\sqrt{6}-2)$

4 【式の値】$x=\sqrt{2}+3$ のときの，式 $x^{2}+2x-15$ の値を求めなさい。　教科書 p.67 活動 4

□

5 【式の値】$a=\sqrt{3}+1$，$b=\sqrt{3}-1$ のときの，式 $a^{2}-b^{2}$ の値を求めなさい。　教科書 p.67 Q4

□

●キーポイント
式 $a^{2}-b^{2}$ を因数分解し，
その式に a，b の値を
代入します。

【例題の答え】 **1** ①$\sqrt{3}$　②$\sqrt{3}$　③$-\dfrac{\sqrt{3}}{3}$　**2** ①$3+3\sqrt{2}$　②$2\sqrt{14}$　③$9-2\sqrt{14}$　**3** ①$\sqrt{3}-2$　②$3-5\sqrt{3}$

2章　平方根
3節　平方根の利用
①／②

●平方根の利用

教科書 p.69〜71

例題 1

A4判の紙を，右のように**AB**が**AD**に重なるように折り，さらに**CF**が**EF**に重なるように折りました。

AB＝1，　**AD＝x**として，次の(1)〜(3)に答えなさい。

(1) **ED**，**DH**をxを使って表しなさい。

(2) 長方形**ABCD**と長方形**DEGH**の縦と横の長さの比が等しいことから，xの値を求めなさい。

(3) A4判の紙の縦と横の長さの比を求めなさい。

▶▶ 1 〜 3

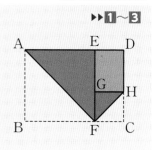

考え方 (2) 辺の長さを比の式で表し，平方根を使ってxの値を表します。

答え (1)　$ED = AD - AE = AD - AB = $ [①　　　]

$\quad HC = FC = ED = $ [①　　　] だから，$DH = DC - ED = $ [②　　　]

(2)　$AB : AD = DE : DH$ だから，

$\quad 1 : x = ($ [③　　　] $) : ($ [④　　　] $)$　$x^2 = $ [⑤　　　] なので，

$\quad x$は2の平方根であり，$x > 0$だから$x = $ [⑥　　　]

(3)　$AB : AD = 1 : x = 1 : $ [⑦　　　]

身近な問題では，$x > 0$が条件であることが多いです。

例題 2

1辺が5cmと2cmの2つの正方形があります。面積が，この2つの正方形の面積の和に等しくなる正方形をつくるには，1辺を何cmにするとよいですか。

▶▶ 1

考え方 1辺が$a$cmの正方形の面積をScm²とすると，$S = a^2$だから，$a = \sqrt{S}$です。

答え 1辺が5cmの正方形の面積は，

$5^2 = 25 (cm^2)$

1辺が2cmの正方形の面積は，

$2^2 = $ [①　　　] (cm^2)

この2つの正方形の和は，

$25 + $ [①　　　] $ = $ [②　　　] (cm^2)

したがって，求める正方形の1辺の

長さは，$\sqrt{}$ [②　　　] (cm)

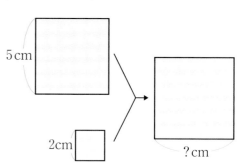

1 【平方根の利用】次の(1)〜(3)に答えなさい。

教科書 p.69〜71

☐(1) 面積が$48\,\mathrm{cm}^2$の正方形の1辺の長さを求めなさい。

●キーポイント
$x^2=a$のとき，
$x=\pm\sqrt{a}$ です。

☐(2) 面積が$63\pi\,\mathrm{cm}^2$の円の直径の長さを求めなさい。

☐(3) 直角二等辺三角形の面積が$49\,\mathrm{cm}^2$のとき，直角をはさむ1辺の長さを求めなさい。

2 【平方根の利用】面積が$18\,\mathrm{cm}^2$の正方形⑦と面積が$6\,\mathrm{cm}^2$の正方形④があります。このとき，次の(1)〜(3)に答えなさい。

教科書 p.69〜71

☐(1) ⑦の1辺の長さを求めなさい。

☐(2) ④の1辺の長さを求めなさい。

☐(3) 面積が⑦と④の面積の和に等しい正方形の1辺の長さを求めなさい。

3 【平方根の利用】底面の面積が$54\,\mathrm{cm}^2$の正方形で，高さが$6\,\mathrm{cm}$
☐ の直方体があります。この底面の正方形の1辺を$1\,\mathrm{cm}$長くし，高さを$2\,\mathrm{cm}$低くすると，体積はもとの直方体に比べて，どうなるか答えなさい。

教科書 p.69〜71

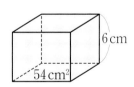

●キーポイント
面積が$54\,\mathrm{cm}^2$の正方形の1辺の長さaは，$a^2=54$なので，$a=\sqrt{54}=3\sqrt{6}$と考えます。

例題の答え **1** ①$x-1$ ②$2-x$ ③$x-1$ ④$2-x$ ⑤$2$ ⑥$\sqrt{2}$ ⑦$\sqrt{2}$ **2** ①$4$ ②$29$

解答▶▶ p.13

① 次の数を，根号の中の数ができるだけ小さい自然数になるように，$a\sqrt{b}$ の形にしなさい。

☐(1)　$\sqrt{72}$　　　　　　☐(2)　$\sqrt{125}$　　　　　　☐(3)　$\sqrt{288}$

② 次の数の分母を有理化しなさい。

☐(1)　$\dfrac{15}{\sqrt{5}}$　　　　　　☐(2)　$\dfrac{12}{\sqrt{18}}$　　　　　　☐(3)　$\dfrac{9}{\sqrt{75}}$

③ $\sqrt{6}=2.449$ として，次の数の近似値を求めなさい。

☐(1)　$\sqrt{0.000006}$　　　　　　☐(2)　$\sqrt{600000000}$

④ 次の計算をしなさい。

☐(1)　$(-5\sqrt{2})^2$　　　　　　☐(2)　$\sqrt{14}\times(-2\sqrt{7})$

☐(3)　$\sqrt{6}\times\sqrt{54}$　　　　　　☐(4)　$\sqrt{150}\div\sqrt{6}$

☐(5)　$\sqrt{12}\div\sqrt{8}\div\sqrt{6}$　　　　　　☐(6)　$\sqrt{32}\times\sqrt{3}\div 2\sqrt{6}$

⑤ 次の計算をしなさい。

☐(1)　$\sqrt{48}-\sqrt{27}+\sqrt{3}$　　　　　　☐(2)　$\sqrt{18}-4\sqrt{2}+\sqrt{8}$

☐(3)　$\sqrt{75}-\sqrt{27}-\sqrt{12}$　　　　　　☐(4)　$\sqrt{50}-10\sqrt{2}+3\sqrt{8}$

☐(5)　$\sqrt{18}+\sqrt{20}-3\sqrt{45}-2\sqrt{32}$　　　　　　☐(6)　$\sqrt{12}-\sqrt{45}+2\sqrt{5}-\sqrt{48}$

ヒント　②(2)，(3)まずは分母の根号のついた $\sqrt{c}$ の形を $a\sqrt{b}$ の形にします。
④(5)，(6)全体を分数の形になおして約分していきます。

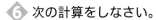

●平方根の計算をしっかり理解しよう。

$a\sqrt{b}$ の形にすることは，計算での基本になるからしっかりと練習しよう。また，答えの根号の中の整数をできるだけ小さい自然数にすることを忘れないように。有理化も大事だよ。

⑥ 次の計算をしなさい。

□(1) $\dfrac{3}{\sqrt{3}} - \sqrt{3}$

□(2) $\dfrac{18}{\sqrt{6}} + 2\sqrt{6}$

□(3) $3\sqrt{75} - \dfrac{9}{\sqrt{3}}$

□(4) $\sqrt{50} + \dfrac{8}{\sqrt{2}}$

⑦ 次の計算をしなさい。

□(1) $\sqrt{5}\left(\sqrt{15} - 3\sqrt{45}\right)$

□(2) $2\sqrt{3}\left(\sqrt{12} - \sqrt{18}\right)$

□(3) $\left(\sqrt{7} + 3\sqrt{3}\right)\left(\sqrt{7} - \sqrt{3}\right)$

□(4) $\left(\sqrt{5} + 2\sqrt{2}\right)\left(\sqrt{5} - 2\sqrt{2}\right)$

□(5) $\left(\sqrt{3} + 2\sqrt{5}\right)^2$

□(6) $\left(2\sqrt{6} - \sqrt{3}\right)^2$

⑧ $x = 1 + \sqrt{5}$ のときの，式 $x^2 - 2x - 3$ の値を求めなさい。

□

⑨ 右の図形で，㋐は正方形，㋑は三角形であり，どちら
□ の面積も $50\,\mathrm{cm}^2$ のとき，a，b の値を求めなさい。

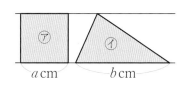

---

 ⑦ 分配法則や展開の公式を利用して計算します。

⑧ 式を因数分解してから代入します。

2章　平方根

---

❶ 次の⑦〜⑦において，正しければ○を，誤りがあれば下線の部分を正しく書き直しなさい。[知]

⑦　$\sqrt{3}+\sqrt{3}=\underline{\sqrt{6}}$　　　　⑦　$\sqrt{25}=\underline{\pm 5}$

⑦　$\sqrt{(-5)^2}=\underline{5}$　　　　⑦　25 の平方根は $\underline{5}$ である。

⑦　$(-\sqrt{5}\,)^2=\underline{5}$　　　　⑦　$\sqrt{10}\div\sqrt{2}=\underline{5}$

❶ 点／18点(各3点)

⑦	
⑦	
⑦	
⑦	
⑦	
⑦	

---

❷ 次の数を大きい順に並べなさい。[知]

(1)　$\sqrt{70}$，$\sqrt{84}$，9

(2)　$-\sqrt{48}$，-7.1，$-\sqrt{50}$

❷ 点／6点(各3点)

(1)	
(2)	

---

❸ 次の測定値を，有効数字を 3 桁として，整数部分が 1 桁の小数と 10 の累乗との積の形で表しなさい。[知]

(1)　48900 m

(2)　58.0 g

❸ 点／6点(各3点)

(1)	
(2)	

---

❹ $\sqrt{2}=1.41$，$\sqrt{20}=4.47$ として，次の数の近似値を求めなさい。[知]

(1)　$\sqrt{200}$　　　　(2)　$\sqrt{2000}$　　　　(3)　$\sqrt{0.2}$

❹ 点／9点(各3点)

(1)	
(2)	
(3)	

---

❺ 次の計算をしなさい。[知]

(1)　$\sqrt{12}\times\sqrt{5}$　　　　(2)　$2\sqrt{6}\times(-\sqrt{50}\,)$

(3)　$\sqrt{180}\div 2\sqrt{5}$

❺ 点／9点(各3点)

(1)	
(2)	
(3)	

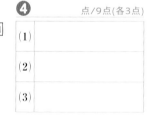

　成績評価の観点　[知]…数量や図形などについての知識・技能　　[考]…数学的な思考・判断・表現

⑥ 次の計算をしなさい。 知

(1) $\sqrt{8}+\sqrt{32}$

(2) $\sqrt{28}-2\sqrt{63}+5\sqrt{7}$

(3) $\sqrt{27}+\sqrt{50}-\sqrt{12}+3\sqrt{32}$

⑥ 点／9点（各3点）

(1)	
(2)	
(3)	

⑦ 次の計算をしなさい。 知

(1) $(\sqrt{6}-2)(\sqrt{6}+2)$

(2) $(\sqrt{5}+2)(\sqrt{5}-4)$

(3) $(2\sqrt{5}-\sqrt{3})^2$

(4) $(3\sqrt{6}+\sqrt{2})^2$

⑦ 点／16点（各4点）

(1)	
(2)	
(3)	
(4)	

⑧ 次の(1)〜(4)に答えなさい。 考

(1) $x=3+\sqrt{2}$ のときの，式 x^2-6x+9 の値を求めなさい。

(2) $\sqrt{30}$ より大きい整数のうち，最も小さい整数を求めなさい。

(3) $\sqrt{a}<2$ を満たす整数 a をすべて求めなさい。

(4) $3<\sqrt{x}<4$ にあてはまる整数 x はいくつありますか。

⑧ 点／16点（各4点）

(1)	
(2)	
(3)	
(4)	

⑨ 次の数について，下の(1)，(2)に答えなさい。 知

$$-\frac{1}{3},\ \sqrt{5},\ 0,\ -\sqrt{36},\ 0.7,\ \frac{\pi}{2},\ -13,\ 6\sqrt{2}$$

(1) 有理数をすべて選びなさい。

(2) 無理数をすべて選びなさい。

⑨ 点／6点（各3点）

(1)	
(2)	

⑩ 体積 $200\pi\,\text{cm}^3$，高さが6cmの円柱がある。この円柱の底面の半径は何cmですか。四捨五入して小数第2位まで求めなさい。 考

⑩ 点／5点

教科書のまとめ 〈2章 平方根〉

●平方根

- ・２乗すると a になる数を，a の**平方根**という。
- 1　正の数には平方根が２つあり，絶対値が等しく，符号が異なる。
- 2　０の平方根は０である。
- 3　負の数の平方根はない。

●平方根の表し方

- ・記号 $\sqrt{}$ を**根号**といい，$\sqrt{a}$ を「ルート a」と読む。
- ・正の数 a の２つの平方根 $\sqrt{a}$ と $-\sqrt{a}$ を，まとめて $\pm\sqrt{a}$ と表すことがあり，これを「プラス マイナス ルート a」と読む。
- ・$a>0$ のとき，$\sqrt{a^2}=a$，$\sqrt{(-a)^2}=a$
- ・$a>0$ のとき，$(\sqrt{a})^2=a$，$(-\sqrt{a})^2=a$

●平方根の大小

- ・$a>0$，$b>0$ のとき，$a<b$ ならば $\sqrt{a}<\sqrt{b}$
- ・根号がついていない数は，根号がついた数になおしてから比べる。

●有理数と無理数

- ・整数 m と０でない整数 n を使って，分数 $\dfrac{m}{n}$ で表すことができる数を**有理数**といい，分数で表すことができない数を**無理数**という。
- ・数の分類

●近似値と有効数字

- ・**(誤差)**＝(近似値)－(真の値)
- ・近似値の信頼できる数字を**有効数字**という。
- ・有効数字をはっきりさせるために，近似値を，整数部分が１桁の小数 $a(1\leqq a<10)$ と 10 の累乗の積に表すことがある。

●平方根の乗法，除法

$a>0$，$b>0$ のとき，

1　$\sqrt{a}\times\sqrt{b}=\sqrt{ab}$

2　$\dfrac{\sqrt{a}}{\sqrt{b}}=\sqrt{\dfrac{a}{b}}$

●根号がついた数の表し方

- ・根号の外に数があるとき，その数を根号の中に入れることができる。

  　$a>0$，$b>0$ のとき，$a\sqrt{b}=\sqrt{a^2 b}$
- ・根号の中の数が，ある数の２乗を因数にふくむとき，その因数を根号の外に出すことができる。

  　$a>0$，$b>0$ のとき，$\sqrt{a^2 b}=a\sqrt{b}$

  [注意]　根号の中の数は，できるだけ小さい自然数になおしておく。
- ・分母に根号をふくむ数は，分母と分子に同じ数をかけて，分母に根号をふくまない形になおすことができる。分母に根号をふくまない形にすることを，**分母を有理化する**という。

●平方根の加法，減法

- ・根号の中が同じ数どうしの和や差は，分配法則 $am+bm=(a+b)m$ を使って求めることができる。
- ・根号の中が異なる数の加法や減法は，根号の中の数をできるだけ小さな自然数になおしてみる。

3章　2次方程式

次の学習に
入る前に
取り組もう。

□**因数分解の公式**　　　　　　　　　　　　　◀ 中学3年

1'　$x^2+(a+b)x+ab=(x+a)(x+b)$

2'　$x^2+2ax+a^2=(x+a)^2$

3'　$x^2-2ax+a^2=(x-a)^2$

4'　$x^2-a^2=(x+a)(x-a)$

1 次の方程式のうち，2が解であるものを選びなさい。　　◀ 中学1年〈方程式とその解〉

　⑦　$x-7=5$　　　　　　　　④　$3x-1=5$

ヒント

x に 2 を代入して
……

　⑦　$x+1=2x-1$　　　　　　㋓　$4x-5=-1-x$

2 次の式を因数分解しなさい。　　　　　　　◀ 中学3年〈因数分解〉

(1)　x^2-3x　　　　　　　　(2)　$2x^2+5x$

(3)　x^2-16　　　　　　　　(4)　$4x^2-9$

(5)　x^2+6x+9　　　　　　　(6)　$x^2-8x+16$

(7)　$9x^2+30x+25$　　　　　　(8)　$x^2+7x+12$

(9)　$x^2-12x+27$　　　　　　(10)　$x^2-2x-24$

ヒント

(10)積が−24，和が
−2になる整数の組
を考えると……

● 2次方程式とその解

教科書 p.80〜81

□ **例題 1** 3と9は，ともに2次方程式 $x^2 - 12x + 27 = 0$ の解であることを確かめなさい。

▶▶ **1** **2**

考え方 2次方程式 $x^2 - 12x + 27 = 0$ の x に3と9を代入し，左辺の値が0になることを確かめます。

答え 2次方程式 $x^2 - 12x + 27 = 0$ の左辺の値は，

$x = 3$ を代入すると，$\boxed{①}^2 - 12 \times \boxed{①} + 27 = \boxed{②}$

$x = 9$ を代入すると，$\boxed{③}^2 - 12 \times \boxed{③} + 27 = \boxed{④}$

したがって，3と9は，ともに2次方程式 $x^2 - 12x + 27 = 0$ の解である。

プラスワン **2次方程式**

左辺が x の2次式になる方程式，つまり，$ax^2 + bx + c = 0$（a, b, c は定数，$a \neq 0$）の形になる方程式を，x についての**2次方程式**といいます。

● 因数分解による2次方程式の解き方

教科書 p.82〜84

□ **例題 2** 次の2次方程式を解きなさい。

▶▶ **3** **4**

(1) $(x + 2)(x - 8) = 0$　　(2) $x^2 - x - 12 = 0$　　(3) $x^2 - 8x + 16 = 0$

考え方 2つの数や式を A，B とするとき，$AB = 0$ ならば，$A = 0$ または $B = 0$ であることを使います。(2)と(3)は左辺を因数分解して，$(x + a)(x + b) = 0$ や $(x - a)^2 = 0$ の形にします。

答え (1) $(x + 2)(x - 8) = 0$ ならば，$x + 2 = 0$ または $x - 8 = 0$

$x + 2 = 0$ のとき，$x = \boxed{①}$

$x - 8 = 0$ のとき，$x = \boxed{②}$

(2) $x^2 - x - 12 = 0$

$\left(x + \boxed{③}\right)\left(x - \boxed{④}\right) = 0$

$x + \boxed{③} = 0$ または $x - \boxed{④} = 0$

> 左辺を因数分解する
>
> $AB = 0$ ならば，$A = 0$ または $B = 0$
>
> **ここがポイント**

よって，$x = -3$，$x = 4$

(3) $x^2 - 8x + 16 = 0$

$\left(x - \boxed{⑤}\right)^2 = 0$　　左辺を因数分解する

$x - \boxed{⑤} = 0$

よって，$x = 4$

2つの解が一致して，解は1つになります。

1 【2次方程式とその解】次の方程式のなかで，2次方程式はどれですか。記号で答えなさい。

教科書 p.81Q1

⑦ $x^2 + x - 2 = 0$ ⑦ $x^2 = 2$

⑦ $x^2 - 6x + 6 = x^2 + 21$ ㋑ $(x-1)^2 - 3 = 0$

●キーポイント
⑦と⑦は，移項して整理します。

2 【2次方程式とその解】次の2次方程式について，$ax^2 + bx + c = 0$ の a, b, c にあたる数を，それぞれ答えなさい。

教科書 p.81 たしかめ 1

□(1) $4x^2 + 3x + 1 = 0$ □(2) $2x^2 - 50 = 0$

3 【因数分解による2次方程式の解き方】次の2次方程式を解きなさい。

教科書 p.82例2，p.83例4，p.84例5

□(1) $(x+4)(x-5) = 0$ □(2) $(x-3)(x-6) = 0$

□(3) $(x+2)^2 = 0$ □(4) $x(x-1) = 0$

4 【因数分解による2次方程式の解き方】次の2次方程式を解きなさい。

教科書 p.83例題3，例4 p.84例5，例題6

□(1) $x^2 + 4x + 3 = 0$ □(2) $x^2 - 11x + 30 = 0$

●キーポイント
左辺を因数分解します。

□(3) $x^2 + 14x + 49 = 0$ □(4) $x^2 - 16x + 64 = 0$

□(5) $x^2 - 5x = 0$ □(6) $x^2 - 16 = 0$

例題の答え **1** ①3 ②0 ③9 ④0 **2** ①−2 ②8 ③3 ④4 ⑤4

● いろいろな2次方程式　　　　教科書 p.85

例題 1 次の2次方程式を解きなさい。　▶▶ 1 2

(1) $2x^2-8x+6=0$　　　(2) $(x+4)(x-4)=6x$

考え方　(1) 両辺を2でわって，x^2 の係数を1にします。
(2) 左辺を展開して，（2次式）＝0の形にします。

答え

(1) $2x^2-8x+6=0$

$x^2-4x+3=0$　　両辺を2でわって，x^2 の係数を1にする

$\left(x-\boxed{①}\right)(x-3)=0$　　左辺を因数分解する

　　　　　　　　$x-1=0$ または $x-3=0$

$x=1,\ x=3$

(2) $(x+4)(x-4)=6x$

$x^2-\boxed{②}=6x$　　左辺を展開する

$x^2-6x-\boxed{②}=0$　　$6x$ を移項して，（2次式）＝0の形にする

$(x+2)\left(x-\boxed{③}\right)=0$　　左辺を因数分解する

　　　　　　　$x+2=0$ または $x-8=0$

$x=-2,\ x=\boxed{③}$

● 平方根の考えを使った2次方程式の解き方　　教科書 p.86〜87

例題 2 次の2次方程式を解きなさい。　▶▶ 3 4

(1) $3x^2-21=0$　　(2) $(x+2)^2=5$　　(3) $x^2-4x-3=0$

考え方　(1) $x^2=k$ の形にして，k の平方根を求めます。
(2) かっこの中をひとまとまりにみます。
(3) $(x+p)^2=q$ の形にします。

$x+2=M$ と置くと，$M^2=5 \to M=\pm\sqrt5$

答え

(1) $3x^2-21=0$

$3x^2=21$　　−21を移項する

$x^2=7$　　両辺を3でわる

$x=\boxed{①}$　　$x^2=k$ より，$x=\pm\sqrt{k}$

(2) $(x+2)^2=5$

$x+2=\pm\boxed{②}$　　$x+2$ をひとまとまりにみる

$x=\boxed{③}$　　$+2$ を移項する

(3) $x^2-4x-3=0$

$x^2-4x=3$　　−3を移項する

$x^2-2\times2x+2^2=3+2^2$　　両辺に x の係数 -4 の $\frac12$ の2乗を加える

$\left(x-\boxed{④}\right)^2=7$　　左辺を因数分解する

$x-\boxed{④}=\pm\sqrt7$　　$x=\boxed{⑤}$

プラスワン　**平方根の考えを使った解き方**
$(x \text{の1次式})^2=k$ の形にするために，両辺に $\left(\dfrac{x\text{の係数}}{2}\right)^2$ を加えます。

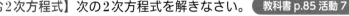

1 【係数に共通な因数をふくむ2次方程式】次の2次方程式を解きなさい。　教科書 p.85 活動7

□(1)　$4x^2 + 8x - 12 = 0$　　　　　□(2)　$-2x^2 + 12x - 18 = 0$

●キーポイント
(4)　両辺に3をかけて、x^2の係数を1にします。

□(3)　$2x^2 = 8x$　　　　　□(4)　$\dfrac{1}{3}x^2 - 27 = 0$

2 【式を整理して解く2次方程式】次の2次方程式を解きなさい。　教科書 p.85 例題8

□(1)　$(x - 2)(x + 4) = 3x - 2$

●キーポイント
右辺にある数や文字をすべて左辺に移項してから、展開、整理します。

□(2)　$x^2 + (x - 4)^2 = 8$

3 【平方根の考えを使った2次方程式の解き方】次の2次方程式を解きなさい。

□(1)　$2x^2 - 8 = 0$　　　　　□(2)　$4x^2 - 9 = 0$　　　教科書 p.86 例1, 例題2

●キーポイント
2次方程式
$(x+a)^2 = b$は
$x+a = \pm\sqrt{b}$ $(b \geqq 0)$
よって、$x = -a \pm\sqrt{b}$
と解けます。

□(3)　$(x - 1)^2 = 9$　　　　　□(4)　$(x + 7)^2 - 14 = 0$

4 【平方根の考えを使った2次方程式の解き方】次の2次方程式を解きなさい。

教科書 p.87 活動3

□(1)　$x^2 - 2x - 4 = 0$　　　　　□(2)　$x^2 + 6x + 3 = 0$

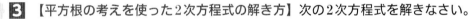

例題の答え **1** ①1　②16　③8　**2** ①$\pm\sqrt{7}$　②$\sqrt{5}$　③$-2\pm\sqrt{5}$　④2　⑤$2\pm\sqrt{7}$

右側縦書き：3章　教科書85〜87ページ

● 2次方程式の解の公式　　　　　　　　　　　　　　　　　　　　教科書 p.88〜90

☐ **例題 1**　2次方程式 $3x^2 - 5x - 4 = 0$ を，解の公式を使って解きなさい。　　▶▶ **1**

考え方　解の公式で，$a = 3$，$b = -5$，$c = -4$ の場合です。

答え　$x = \dfrac{-(-5) \pm \sqrt{(-5)^2 - 4 \times \boxed{①} \times (-4)}}{2 \times 3}$

$= \dfrac{5 \pm \sqrt{25 + 48}}{6}$

$= \dfrac{5 \pm \sqrt{\boxed{②}}}{6}$

プラスワン　**2次方程式の解の公式**

2次方程式 $ax^2 + bx + c = 0$ の解は，
$x = \dfrac{-b \pm \sqrt{b^2 - 4ac}}{2a}$

解の公式は，どんな2次方程式でも使うことができます。

● 2次方程式のいろいろな解き方　　　　　　　　　　　　　　　　教科書 p.91

☐ **例題 2**　2次方程式 $(x+4)^2 - 9 = 0$ を解きなさい。　　▶▶ **2 3**

考え方　㋐　文字に置きかえて，因数分解します。
　　　　㋑　平方根の考えを使って解きます。

答え　㋐　　　$(x+4)^2 - 9 = 0$　　　　$x+4$ を A と置く
　　　　　　　　$A^2 - 9 = 0$　　　　　　因数分解する
　　　$(A+3)(A-3) = 0$

　　　よって，$A = \boxed{①}$，$A = 3$

　　　　$x + 4 = \boxed{①}$　または　$x + 4 = 3$

　　　したがって，$x = \boxed{②}$，$x = -1$

　　㋑　$(x+4)^2 - 9 = 0$
　　　　　$(x+4)^2 = 9$　　　-9 を移項する

　　　　$x + 4 = \boxed{③}$

　　　よって，$x = \boxed{④}$，$x = \boxed{⑤}$

2次方程式の解き方は，いくつか方法を知っていると，問題によって使い分けることができます。

プラスワン　**2次方程式の解き方**

① 因数分解を使う
② 平方根の考えを使う
③ 解の公式を使う

1 【2次方程式の解の公式】次の2次方程式を，解の公式を使って解きなさい。

教科書 p.89 例題2, p.90 例3

☐(1) $x^2 - 3x - 2 = 0$　　　☐(2) $2x^2 + 9x + 3 = 0$

●キーポイント

計算して，約分ができるときは，約分をします。

計算して，$\sqrt{\ }$ がはずれる場合もあります。

☐(3) $x^2 - 2x - 5 = 0$　　　☐(4) $4x^2 - 4x - 7 = 0$

(5) $x = \dfrac{-5 \pm 3}{4}$ は

このままにせず，

$x = -\dfrac{1}{2}$,

☐(5) $2x^2 + 5x + 2 = 0$　　　☐(6) $3x^2 - 4x - 4 = 0$

$x = -2$ とします。

2 【2次方程式のいろいろな解き方】次の(1)～(3)に答えなさい。

教科書 p.91 活動1

☐(1) 2次方程式 $(x-2)^2 - 100 = 0$ を，因数分解して解きなさい。

☐(2) 2次方程式 $(a+3)^2 - 64 = 0$ を，平方根の考えを使って解きなさい。

☐(3) 2次方程式 $(x-1)^2 - 36 = 0$ を，解の公式を使って解きなさい。

3 【2次方程式のいろいろな解き方】次の2次方程式を適当な方法で解きなさい。

教科書 p.91 Q2

☐(1) $(x-9)^2 - 121 = 0$　　　☐(2) $4(x+6)^2 - 36 = 0$

☐(3) $(x-4)^2 - (x-4) - 2 = 0$　　☐(4) $(a+1)^2 + 5(a+1) - 14 = 0$

例題の答え **1** ①3　②73　**2** ①−3　②−7　③±3　④−1　⑤−7(④，⑤は順不同)

1 次の2次方程式を解きなさい。

□(1) $(x-1)(x+5)=0$

□(2) $(2+x)(1-x)=0$

□(3) $x^2-6x+5=0$

□(4) $x^2-3x-18=0$

□(5) $x^2+18x+81=0$

□(6) $x^2-14x+49=0$

□(7) $x^2-36=0$

□(8) $-49+y^2=0$

2 次の2次方程式を解きなさい。

□(1) $x^2-12=0$

□(2) $(x+2)^2=8$

□(3) $4(x-6)^2=20$

□(4) $x^2+2x=4$

□(5) $(2x-1)^2=2x^2+17$

□(6) $(x-2)(x-5)=40$

3 Aさんは，2次方程式 $x^2+8x=0$ を次のように解きました。

□ 「$x^2+8x=0$ の両辺を x でわって，$x+8=0$ よって，$x=-8$」

この解き方はまちがっています。まちがいを正しくなおしなさい。

ヒント **2** (5)，(6)左辺を展開して，右辺の数や文字を左辺に移項し，整理してから，因数分解を使った計算方法で
2次方程式を解きます。

●2次方程式の解き方をマスターしよう。
どの解き方を使うかを考えることが大切だよ。①因数分解できるか考える　②平方根の考えが使えるか考える　③置きかえを考える　④解の公式を使う　という順に考えてみよう。

④ 次の2次方程式を解きなさい。

□(1)　$x^2 - 3x + 1 = 0$

□(2)　$3x^2 + x - 5 = 0$

□(3)　$x^2 - 6x + 7 = 0$

□(4)　$5x^2 - x - 4 = 0$

⑤ 次の2次方程式を適当な方法で解きなさい。

□(1)　$(x-5)^2 - 1 = 0$

□(2)　$(x+4)^2 - 8 = 0$

□(3)　$6x^2 + 4x = 3$

□(4)　$(x-2)^2 - 3(x-2) - 18 = 0$

⑥ 2次方程式 $x^2 + ax - 14 = 0$ の1つの解が -2 のとき，次の(1)，(2)に答えなさい。

□(1)　a の値を求めなさい。

□(2)　ほかの解を求めなさい。

⑦ 2次方程式 $x^2 + ax + b = 0$ の解が -3 と8のとき，次の(1)，(2)に答えなさい。

□(1)　連立方程式を使って，a，b の値を求めなさい。

□(2)　因数分解による解き方を使って，a，b の値を求めなさい。

教科書80〜91ページ

3章

ヒント　⑥(1)$x^2 + ax - 14 = 0$に$x = -2$を代入して，aの値を求めます。
⑦(2)$(x+c)(x+d) = 0$のとき，$x = -c$，$x = -d$を使って考えます。

3章　2次方程式

2節　2次方程式の利用
①／②

● 2次方程式の利用

教科書 p.93〜96

例題 1 連続する2つの自然数があります。それぞれを2乗した数の和が85になるこの2つの自然数を求めなさい。　▶▶**1**

考え方 小さいほうの自然数を x として，数の関係から方程式をつくります。

答え 小さいほうの自然数を x とすると，大きいほうの自然数は

①［　　　　　　］と表すことができる。

したがって，$x^2 + (x+1)^2 = 85$

$x^2 + x^2 + 2x + 1 = 85$

$2x^2 + 2x - 84 = 0$

$x^2 + x - 42 = 0$

$(x+7)(x-6) = 0$

$x = -7,\ x = 6$

x は自然数だから，$x =$ ②［　　　　　］は問題の答えとすることはできない。

$x = 6$ のとき，2つの整数は6と7で，これは問題の答えとしてよい。　　　　　　　答　6と7

ここがポイント

❶ どの数量を文字で表すかを決める。

❷ 等しい関係にある数量を見つけて方程式をつくる。

❸ 方程式を解く。

❹ 方程式の解を問題の答えとしてよいかどうかを確かめ，答えを決める。

例題 2 正方形の土地に，右の図のように縦の幅が2m，横の幅が1mの道をつくったら，道を除いた土地の面積は $30\,\mathrm{m}^2$ になりました。もとの土地の1辺の長さを求めなさい。　▶▶**2 3**

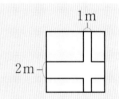

考え方 求める土地の1辺の長さを $x\,\mathrm{m}$ として，面積の関係から方程式をつくります。

答え もとの土地の1辺の長さを $x\,\mathrm{m}$ とすると，

道の幅を除いた縦の長さは $(x-2)\,\mathrm{m}$，

道の幅を除いた横の長さは（①［　　　　　　］）m と表すことができる。

したがって，$(x-2)\Big($①［　　　　　　］$\Big) = 30$

$x^2 - 3x + 2 = 30$

$x^2 - 3x - 28 = 0$

$(x+4)\Big(x -$②［　　　　　］$\Big) = 0$

$x = -4,\ x =$ ②［　　　　　］

$x > 2$ だから，$-4\,\mathrm{m}$ は問題の答えとすることはできない。

$7\,\mathrm{m}$ は問題の答えとしてよい。　　　　　　　　　　　　　　答　$7\,\mathrm{m}$

1 【数についての問題】大小2つの自然数があります。その差は8で，積は65になります。
□ この2つの自然数を求めなさい。

教科書 p.93 活動 1

●キーポイント
小さいほうの自然数をxとすると，大きいほうの自然数は$x+8$と表すことができます。

2 【図形についての問題】右の図のように，正方形の形をした土地の縦を5m長くし，横を3m短くしたら，その面積は48m²になりました。このとき，次の(1)，(2)に答えなさい。

教科書 p.95

□(1) もとの土地の1辺の長さをxmとして，面積が48m²の土地の縦の長さと横の長さをxを使って式に表しなさい。

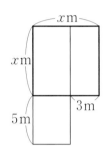

●キーポイント
(1) 土地の面積から方程式をつくります。

□(2) もとの土地の1辺の長さを求めなさい。

3 【図形の辺上を動く点の問題】右の図のような直角二等辺
□ 三角形ABCで，点Pは，Bを出発して辺BC上をCまで動きます。また，点Qは，点PがBを出発するのと同時にCを出発し，Pと同じ速さで辺CA上をAまで動きます。右の図のような長方形DPCQの面積が8cm²になるのは，点PがBから何cm動いたときかを求めなさい。

教科書 p.94 例題 2

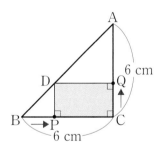

●キーポイント
点PがBから$x$cm動いたときのPCとCQの長さを，xを使って表します。

---

① ある正の整数を2乗したら，もとの数を8倍した数より33大きくなりました。もとの数を求めなさい。

② 次の(1)，(2)に答えなさい。

(1) ある正の数に3を加えてから2乗するところを，まちがえて3を加えてから2倍したため，計算の結果が63小さくなりました。この正の数を求めなさい。

(2) ある正の数から3をひいて2乗するところを，まちがえて2倍してから3をひいたため，計算の結果が32小さくなりました。この正の数を求めなさい。

③ 連続する3つの正の奇数があります。いちばん小さい数と，真ん中の数のそれぞれの平方の和は，残りの数の12倍より2小さいです。この3つの正の奇数を求めなさい。

ヒント　③ 奇数を文字で表すには，偶数$2n$から1をひいた数で$2n-1$または，1をたした数で$2n+1$とします。連続する場合は，それに$+2$ずつしていけばよいです。

●方程式をつくる練習をしよう。
2次方程式を使った問題は，応用問題としてテストに出されるので，多くは，求めたいものを x として，条件から方程式をつくればいいよ。また，問題の答えとしてよいか確かめよう。

4 縦3m，横10mの長方形の花壇(かだん)があります。この花壇の縦と横を同じ長さだけ長くしたら，その面積は，もとの花壇の面積の2倍になりました。縦と横の長さを何m長くしたか求めなさい。

5 右の図のような正方形の紙があります。この紙の4つの隅(すみ)から1辺の長さが3cmの正方形を切り取って，直方体の容器を作ったら，容積が108cm³になりました。もとの正方形の1辺は何cmですか。

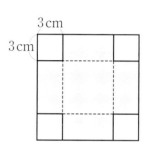

6 右の表は自然数を規則的に並べたものです。横に並んだ数を上から1行，2行，……とし，縦に並んだ数を左から1列，2列，……とします。
一般(いっぱん)に，m 行 n 列にある数を (m, n) と表せば，右の表の○印の9は $(3, 4)$ と表せます。
このとき，次の(1)，(2)に答えなさい。

	1列	2列	3列	4列	5列	…	n 列	…
1行	1	3	5	7	9	…	…	…
2行	2	4	6	8	10	…	…	…
3行	3	5	7	⑨	11	…	…	…
4行	4	6	8	10	12	…	…	…
⋮	⋮	⋮	⋮	⋮	⋮			
m 行	⋮	⋮	⋮	⋮	⋮			
⋮	⋮	⋮	⋮	⋮	⋮			

(1) $(10, 8)$ と表せる数を求めなさい。

(2) $(m, 3)$ の数と $(m, 6)$ の数の積が160となるとき，m の値を求めなさい。

ヒント **6** m 行1列目の数は $(m, 1) = m$ で，横に2ずつ増えているから，$(m, 2) = m + 2$，$(m, 3) = m + 2 \times 2$ したがって，$(m, n) = m + 2(n - 1)$ と表せます。

3章　2次方程式

❶ 次の⑦〜①のなかで，-4 と 2 がともに解である2次方程式はどれですか。知

 ⑦　$(x+4)(x-1)=0$ ⑦　$x(x-2)=0$

 ⑨　$x^2+2x-8=0$ ①　$x^2=4$

❶   点／4点

---

❷ 解が次の⑴〜⑶のような数になる2次方程式を，それぞれ1つずつつくりなさい。知

 ⑴　$-5,\ 2$ ⑵　$\pm\sqrt{6}$

 ⑶　-9

❷   点／12点(各4点)

⑴	
⑵	
⑶	

---

❸ 次の2次方程式を解きなさい。知

 ⑴　$x^2-10x+21=0$ ⑵　$m^2-6m-27=0$

 ⑶　$x^2+16x+64=0$ ⑷　$3x^2=15$

 ⑸　$(x-2)^2=16$ ⑹　$x^2-x-1=0$

 ⑺　$x^2-6x+6=0$ ⑻　$x^2+3x=6-3x$

 ⑼　$x^2-2=2(x-1)$ ⑽　$3x-(x-2)^2=-12$

 ⑾　$(x+3)^2+7(x+3)=0$ ⑿　$\dfrac{x^2-4}{3}=2x$

❸   点／48点(各4点)

⑴	
⑵	
⑶	
⑷	
⑸	
⑹	
⑺	
⑻	
⑼	
⑽	
⑾	
⑿	

成績評価の観点　知…数量や図形などについての知識・技能　考…数学的な思考・判断・表現

④ 次の(1)，(2)に答えなさい。知

(1) 2次方程式 $x^2 + ax - 6 = 0$ の1つの解が -6 のとき，a の値とほかの解を求めなさい。

(2) $x^2 - 10x + a = 0$ において，解が1つになるときの a の値と解を求めなさい。

❺ ある正の整数 x の2乗を，x より3大きい数でわると，商が6で余りが9になります。このとき，ある正の整数 x を求めなさい。考

❻ 横の長さが縦の長さの2倍の長方形の畑があります。いま，右の図のようにこの畑に幅2mの道路をつくったら，残りの畑の面積が $84\,\mathrm{m}^2$ になりました。もとの畑の縦の長さを求めなさい。考

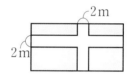

❼ 下の図のように，$y = x + 2$ のグラフ上に点Pをとり，$PO = PA$ が成り立つように点Aを x 軸上にとりました。点Aの x 座標が正のとき，$\triangle POA$ の面積が8になるような，点Pの座標を求めなさい。考

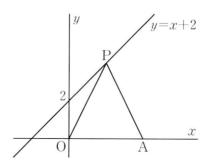

④
点／14点(各7点)

(1)	a の値
	ほかの解
(2)	a の値
	解

❺ 点／7点

 ❻ 点／7点

 ❼ 点／8点

| 知 | ／78点 | 考 | ／22点 |

● 2次方程式

・左辺が x の2次式になる方程式を，x についての**2次方程式**という。

・x についての2次方程式は，一般に
$ax^2+bx+c=0$（a, b, c は定数，$a \neq 0$）という式で表される。

・2次方程式を成り立たせる文字の値を，その2次方程式の**解**といい，すべての解を求めることを，その2次方程式を**解く**という。

● 因数分解による2次方程式の解き方

（x の2次式）$=0$ の形の方程式で，左辺が因数分解できるときは，次のことを使うと方程式を解くことができる。

　2つの数や式を A, B とするとき，
　$AB=0$　ならば，$A=0$　または　$B=0$

[注意]　2次方程式には，ふつう解は2つあるが，2つの解が一致して，解が1つになるものもある。

（例）　方程式 $x^2-x-6=0$ を解くと，
$$x^2-x-6=0$$
$$(x+2)(x-3)=0$$
$$x=-2,\ x=3$$
　　　　方程式 $x^2+6x+9=0$ を解くと，
$$x^2+6x+9=0$$
$$(x+3)^2=0$$
$$x=-3$$
　　　　方程式 $x^2-4=0$ を解くと，
$$x^2-4=0$$
$$(x+2)(x-2)=0$$
$$x=2,\ x=-2$$

● 平方根の考えを使った2次方程式の解き方

・$ax^2+c=0$ の形の2次方程式は，$x^2=k$ の形にして，k の平方根を求めることによって解くことができる。

・$(x+p)^2=q$ の形をした2次方程式は，かっこの中をひとまとまりにみて，q の平方根を求めることによって解くことができる。

・左辺が因数分解できない2次方程式も，$(x+p)^2=q$ の形にすることができれば，平方根の考えを使って解くことができる。

（例）　方程式 $x^2+4x-6=0$ を解く。
　　　　定数項 -6 を移項すると，
$$x^2+4x=6$$
　　　　両辺に，x の係数4の $\dfrac{1}{2}$ の2乗，
　　　　つまり，2^2 を加えると，
$$x^2+2\times2x+2^2=6+2^2$$
$$(x+2)^2=10$$
　　　　$x+2$ は10の平方根だから，
$$x+2=\pm\sqrt{10}$$
$$x=-2\pm\sqrt{10}$$

● 2次方程式の解の公式

2次方程式 $ax^2+bx+c=0$ の解は，
$$x=\frac{-b\pm\sqrt{b^2-4ac}}{2a}$$

[注意]　計算すると約分できる場合や，$\sqrt{\ }$ がはずれる場合もある。

（例）　方程式 $2x^2+3x-3=0$ を解の公式を使って解くと，
　　　　解の公式で $a=2$, $b=3$, $c=-3$ の場合であるから，
$$x=\frac{-3\pm\sqrt{3^2-4\times2\times(-3)}}{2\times2}$$
$$=\frac{-3\pm\sqrt{9+24}}{2}$$
$$=\frac{-3\pm\sqrt{33}}{2}$$

ぴたトレ
0
スタートアップ

4章　関数

次の学習に
入る前に
取り組もう。

☐比例，反比例　　　　　　　　　　　　　　　　　◀ 中学1年

y が x の関数で，$y=ax$ で表されるとき，y は x に比例するといい，$y=\dfrac{a}{x}$ で表されるとき，y は x に反比例するといいます。このとき，a を比例定数といいます。

☐ 1次関数　　　　　　　　　　　　　　　　　　　◀ 中学2年

y が x の関数で，y が x の1次式で表されるとき，y は x の1次関数であるといい，一般に $y=ax+b$ の形で表されます。

1次関数 $y=ax+b$ では，変化の割合は一定であり，その値は a に等しくなります。

（変化の割合）$=\dfrac{（y \text{の増加量}）}{（x \text{の増加量}）}=a$

① 次の x と y の関係を式に表しなさい。このうち，y が x に比例するもの，y が x に反比例するもの，y が x の1次関数であるものをそれぞれ答えなさい。

◀ 中学1年〈比例，反比例〉
中学2年〈1次関数〉

ヒント
式の形をみると……

(1)　面積 $100\,\mathrm{cm}^2$ の平行四辺形の底辺が $x\,\mathrm{cm}$，高さが $y\,\mathrm{cm}$

(2)　80ページの本を，x ページ読んだときの残りのページ数が y ページ

(3)　1個80円の消しゴムを x 個買ったときの代金が y 円

② 1次関数 $y=-3x+5$ について，次の(1)〜(3)に答えなさい。

◀ 中学2年〈1次関数〉

ヒント
(1) x の増加量を求めると……

(1)　x の値が1から4まで増加するときの y の増加量を求めなさい。

(2)　x の増加量が1のときの y の増加量を求めなさい。

(3)　x の増加量が4のときの y の増加量を求めなさい。

4
章

4章　関数
1節　関数 $y = ax^2$
① 関数 $y = ax^2$ ／② 関数 $y = ax^2$ のグラフ

● x の2乗に比例する関数

教科書 p.104〜105

□ **例題 1**　次の⑦，④について，y が x の2乗に比例するものを答えなさい。　▶▶**1**

⑦　底辺が x cm，高さが6 cmの平行四辺形の面積が y cm²

④　中心角が90°，半径が x cmのおうぎ形の面積が y cm²

考え方　y が x の関数で，$y = ax^2$（a は定数，$a \neq 0$）という式で表されるとき，y は x の2乗に比例するといいます。y を x の式で表し，$y = ax^2$ の形になるかどうかを調べます。

答え　⑦　$y = x \times 6$　$y = \boxed{①}$　　④　$y = \pi \times x^2 \times \dfrac{90}{360}$　$y = \boxed{②}$

したがって，y が x の2乗に比例するものは，$\boxed{③}$。

● 関数 $y = ax^2$ のグラフ

教科書 p.106〜112

□ **例題 2**　関数 $y = \dfrac{1}{2}x^2$ のグラフのかき方を説明しなさい。　▶▶**2**

考え方　対応する x，y の値を求めて，x，y の値の組を座標とする点をとり，なめらかな曲線で結んでかきます。

答え　下のような表をつくり，対応する x，y の値を調べる。

x	…		−4		−2	0		2		4	…
y	…		$\boxed{①}$		2	0	$\boxed{②}$			8	…

右の図のように，なめらかな曲線を結んでかけばよい。

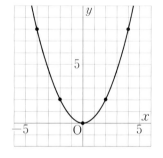

□ **例題 3**　次の⑦〜④のなかから，グラフの開き方が $y = x^2$ のグラフよりも大きいものをすべて選び，記号で答えなさい。　▶▶**2 3**

⑦　$y = -\dfrac{1}{2}x^2$　　④　$y = 0.3x^2$　　⑨　$y = 3x^2$　　④　$y = -2x^2$

考え方　$y = ax^2$ の a の絶対値が大きくなるほど，グラフの開き方が小さくなります。

答え　関数 $y = ax^2$ のグラフが $y = x^2$ のグラフの開き方より大きくなるのは，a の絶対値が $\boxed{①}$ よりも小さいときだから，⑦と $\boxed{②}$。

プラスワン　関数 $y = ax^2$ のグラフの特徴

1　原点を通り，y 軸について対称な曲線である。
2　$a > 0$ のとき，上に開き，$a < 0$ のとき，下に開く。
3　a の絶対値が大きくなるほど，グラフの開き方は小さくなる。
4　a の絶対値が等しく符号が異なる2つのグラフは，x 軸について対称である。

1 【xの2乗に比例する関数】次の(1)，(2)について，yをxの式で表し，yがxの2乗に比例
するかどうかを答えなさい。 教科書 p.105 Q3

□(1) 底辺と高さがともに$x$cmである三角形の面積が$y$cm²

□(2) 底面の円の半径が$x$cmで，高さが$3x$cmの円柱の体積が$y$cm³

2 【関数$y=ax^2$のグラフ】関数$y=x^2$で，xの値を-2から2
まで0.5きざみにとり，それぞれの値に対応するyの値を求め，
その値の組を座標とする点をとると，右の図のようになりま
す。このとき，次の(1)，(2)に答えなさい。 教科書 p.106活動1，
p.111活動3

□(1) $y=2x^2$のグラフを，右の図にかきなさい。

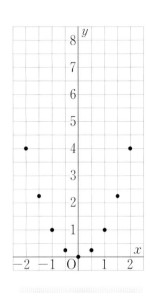

□(2) 次の⑦～㋑のなかから，正しいものをすべて選び，記号
で答えなさい。
　⑦　$y=x^2$のグラフは原点を通る。
　④　$y=2x^2$のグラフはx軸について対称である。
　⑰　xのどの値についても，$y=2x^2$のyの値は$y=x^2$のy
　　の値の2倍になっている。
　㋑　$y=2x^2$のグラフの開き方は，$y=x^2$のグラフよりも大
　　きい。

●キーポイント
$y=2x^2$のyの値は，
$y=x^2$のyの値の2倍に
なっています。

3 【関数$y=ax^2$のグラフ】下の図は，4つの関数$y=3x^2$，$y=-0.5x^2$，$y=-2x^2$，$y=\dfrac{1}{3}x^2$
のグラフを同じ座標軸を使ってかいたものです。⑦～
㋑はそれぞれどの関数のグラフですか。

教科書 p.112 Q9

●キーポイント
$y=ax^2$のaについて，
符号や絶対値の大きさ
を考えます。

例題の答え **1**①$6x$　②$\dfrac{1}{4}\pi x^2$　③④　**2**①8　②2　**3**①1　②④

4章　関数
1節　関数 $y = ax^2$
③／④／⑤

●関数 $y = ax^2$ の値の変化

教科書 p.114

例題
1

関数 $y = -x^2$ で，x の値（あたい）が1から2まで増加するとき，y の値は増加するか，減少するかを答えなさい。 ▶▶**1**

考え方　x の値に対応する y の値を求めます。

答え $x = 1$ のとき $y = \boxed{^{①}}$，$x = 2$ のとき $y = \boxed{^{②}}$

だから，y の値は $\boxed{^{③}}$ する。

> **プラスワン** **関数 $y = ax^2$ の値の変化**
>
> ・$a > 0$ のとき
> 1　x の値が増加すると，
> 　　$x < 0$ のとき，y の値は減少する。
> 　　$x > 0$ のとき，y の値は増加する。
> 2　$x = 0$ のとき，y は最小値 0 をとる。
>
> ・$a < 0$ のとき
> 1　x の値が増加すると，
> 　　$x < 0$ のとき，y の値が増加する。
> 　　$x > 0$ のとき，y の値は減少する。
> 2　$x = 0$ のとき，y は最大値 0 をとる。

●変域とグラフ，変化の割合

教科書 p.115〜119

例題
2

関数 $y = \dfrac{1}{3}x^2$ について，x の変域が $-3 \leqq x \leqq 6$ のときの y の変域を求めなさい。▶▶**1**

考え方　グラフをかいて，y の変域を求めます。

答え $-3 \leqq x \leqq 6$ に対応する部分は，右の図のグラフの実線の部分になるから，y は

　　$x = 0$ のとき，最小値 0

　　$x = 6$ のとき，最大値 $\boxed{}$

をとる。したがって，y の変域は，$0 \leqq y \leqq 12$

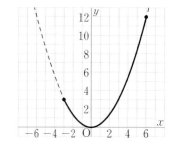

例題
3

関数 $y = x^2$ で，x の値が2から4まで増加するときの変化の割合を求めなさい。

▶▶**2**〜**4**

考え方　x の値に対応する y の値を求めます。

答え $x = 2$ のとき $y = \boxed{^{①}}$，$x = 4$ のとき $y = \boxed{^{②}}$

$(\text{変化の割合}) = \dfrac{(y \text{の増加量})}{(x \text{の増加量})} = \dfrac{\boxed{^{②}} - \boxed{^{①}}}{4 - 2} = \boxed{^{③}}$

1 【変域とグラフ】関数 $y = -2x^2$ について，x の変域が次のときの y の変域を求めなさい。

教科書 p.115 例 2

□(1)　$-4 \leqq x \leqq 2$　　　　□(2)　$1 \leqq x \leqq 3$

⚠ ミスに注意
x の変域の端（はし）の値が，y の変域の端の値に必ず対応しているとは限りません。

2 【関数 $y = ax^2$ の変化の割合】関数 $y = 2x^2$ について，次の(1)～(3)に答えなさい。

教科書 p.117 例 2

□(1)　x の値が -3 から -1 まで増加するときの変化の割合を求めなさい。

□(2)　2点 $(-3,\ 18)$，$(-1,\ 2)$ を通る直線の傾き（かたむ）を求めなさい。

□(3)　(1)と(2)から，変化の割合はグラフ上でどのようなことを表しているといえますか。

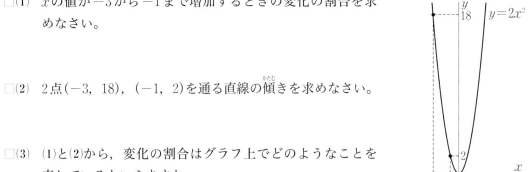

3 【関数 $y = ax^2$ の変化の割合】関数 $y = 3x^2$ で，x の値が次のように増加するときの変化の割合を求めなさい。

教科書 p.117 Q2

□(1)　2から5まで　　　　□(2)　-4 から -1 まで

4 【平均の速さ】高いところからボールを落とすとき，落とし始めてから x 秒後に落ちた距離（きょり）を y m とすると，およそ $y = 5x^2$ の関係があります。落とし始めてから，2秒後から4秒後までの平均の速さを求めなさい。

教科書 p.118 活動 1

●キーポイント
平均の速さは，
$$\frac{（落ちる距離）}{（落ちる時間）}$$ です。

例題の答え　**1** ①-1　②-4　③減少　**2** 12　**3** ①4　②16　③6

ぴたトレ
1
要点チェック

4章 関数
1節 関数$y = ax^2$
⑥ 関数$y = ax^2$の式の求め方

●関数 $y = ax^2$ の式を求める①

教科書 p.120

□ **例題 1** yはxの2乗に比例し，$x = 2$のとき$y = 12$です。このとき，yをxの式で表しなさい。 ▸▸**1**

考え方 yがxの2乗に比例するとき，$y = ax^2$（aは定数，$a \neq 0$）と表すことができます。
$y = ax^2$の式に$x = 2$と$y = 12$を代入して，aの値を求めます。

答え yはxの2乗に比例するから，$y = ax^2$と表すことができます。
$x = 2$のとき$y = 12$だから，
$$12 = a \times 2^2 \quad \leftarrow y = ax^2 \text{に} x \text{と} y \text{の値を代入}$$
$$a = \boxed{①} \quad \leftarrow 12 = 4a$$

したがって，求める式は，$y = \boxed{②}$

●関数 $y = ax^2$ の式を求める②

教科書 p.121〜122

□ **例題 2** 右の図の放物線は，関数$y = ax^2$のグラフです。このとき，yをxの式で表しなさい。 ▸▸**2 3**

考え方 頂点が原点である放物線の式は，$y = ax^2$で表されるから，aの値を求めれば，式を求めることができます。

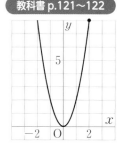

答え グラフが点$(2, 8)$を通るので，式$y = ax^2$に$x = 2$，$y = 8$を代入すればよい。
$$8 = a \times 2^2 \quad \leftarrow y = ax^2 \text{に} x \text{と} y \text{の値を代入}$$
$$a = \boxed{①} \quad \leftarrow 8 = 4a$$

したがって，求める式は，$y = \boxed{②}$

プラスワン 関数 $y = ax^2$ の式の求め方

xとyの関係が$y = ax^2$で表されるとき，aの値は，$y = ax^2$の式に対応するx，yの値を代入し，その方程式を解いて求めます。

	1次関数 $y = ax + b$	関数 $y = ax^2$
グラフの形	直線	放物線
yの値の変化のようす	$a > 0$で 増加 $a < 0$で 減少	$a > 0$で 減少→増加 $a < 0$で 増加→減少
変化の割合	一定	一定でない

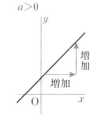

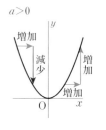

1 【関数 $y=ax^2$ の式を求める①】次の(1), (2)に答えなさい。

教科書 p.120 例題 1

□(1) y は x の2乗に比例し，$x=2$ のとき $y=8$ です。

① y を x の式で表しなさい。

② $x=-3$ のときの y の値を求めなさい。

●キーポイント
y が x の2乗に比例するとき，求める式を $y=ax^2$ として，x と y の値を代入し，a の値を求めます。この式に x の値を代入すると，y の値を求めることができます。

□(2) y は x の2乗に比例し，$x=4$ のとき $y=-48$ です。

① y を x の式で表しなさい。

② $x=2$ のときの y の値を求めなさい。

2 【関数 $y=ax^2$ の式を求める②】右の図の放物線
□ は，関数 $y=ax^2$ のグラフです。このとき，y を x の式で表しなさい。 教科書 p.121 活動 2

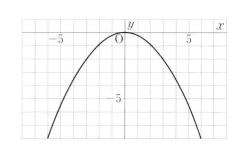

●キーポイント
x 座標と y 座標が整数値の点を見つけます。

3 【関数 $y=ax^2$ の式を求める②】関数 $y=ax^2$ のグラフが次の点を通るとき，y を x の式で表しなさい。 教科書 p.121 Q2

□(1) 点$(-2,\ 12)$ □(2) 点$(3,\ -3)$

例題の答え **1** ①3 ②$3x^2$ **2** ①2 ②$2x^2$

❶ 右の表は，関数 $y = \dfrac{1}{2}x^2$ で，対応する x，y の値を示したものです。このとき，次の(1)，(2)に答えなさい。

x	$\cdots$	-2	-1	0	1	2	3	$\cdots$
y	$\cdots$	2	$\dfrac{1}{2}$	①	$\dfrac{1}{2}$	2	②	$\cdots$

□(1)　表の空らん①，②にあてはまる数を求めなさい。

□(2)　この関数で，$x = 6$ に対応する y の値を求めなさい。

❷ 次の関数のグラフをかきなさい。

□(1)　$y = 2x^2$

□(2)　$y = -x^2$

□(3)　$y = -\dfrac{1}{2}x^2$

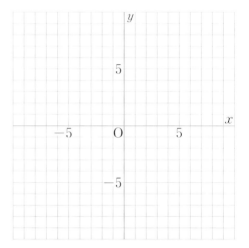

❸ 次の⑦〜⑨の関数のグラフについて，下の(1)〜(5)に答えなさい。

　⑦　$y = x^2$　　　　④　$y = -3x^2$　　　　⑨　$y = \dfrac{1}{3}x^2$　　　　⑩　$y = -\dfrac{1}{2}x^2$

□(1)　下に開いた放物線になるのはどれですか。記号で答えなさい。

□(2)　$x > 0$ のとき，x の値が増加すると y の値も増加するのはどれですか。記号で答えなさい。

□(3)　⑩と x 軸について対称となるグラフの式を求めなさい。

□(4)　y の値が正にならないものはどれですか。記号で答えなさい。

□(5)　y 軸に最も近いグラフはどれですか。記号で答えなさい。

ヒント　❸ (1) $y = ax^2$ の a の符号によって，上に開くか下に開くかが決まります。
　　　　　(5) a の絶対値が大きいほど，曲線は y 軸に近づきます。

●関数 $y＝ax^2$ について，しっかり理解しよう。

グラフをかかせる問題や $y＝ax^2$ の式を求める問題はよく出題されるよ。解き方をマスターしておこう。x の変域に0をふくむ場合の y の変域も出ることが多いよ。

4 関数 $y＝-\dfrac{3}{2}x^2$ について，x の変域が次のときの y の変域を求めなさい。

□(1)　$-4 \leqq x \leqq 2$ 　　　　　　　　□(2)　$-1 \leqq x < 3$

5 次の(1)，(2)に答えなさい。

□(1)　関数 $y＝-3x^2$ で，x の値が1から3まで増加するときの変化の割合を求めなさい。

□(2)　関数 $y＝8x＋2$ と関数 $y＝ax^2$ について，x の値が -3 から -1 まで増加するときのそれぞれの変化の割合が等しいとき，a の値を求めなさい。

6 次の(1)，(2)に答えなさい。

□(1)　x と y の関係が $y＝ax^2$ で表され，$x＝6$ のとき $y＝24$ です。このとき，y を x の式で表しなさい。

□(2)　x と y の関係が $y＝ax^2$ で表され，$x＝3$ のとき $y＝18$ です。$x＝-2$ のときの y の値を求めなさい。

7 右の図の⑦～⑦の放物線について，y を x の式で表し
□　なさい。

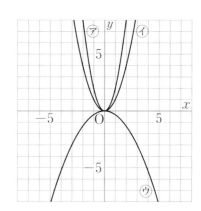

ヒント　**4** 関数のグラフをかいて，y の最小値と最大値を求めます。

　　　　7 グラフから座標がわかる点を見つけ，x，y の値を読み取り，$y＝ax^2$ の式に代入します。

4章 関数

2節 関数の利用
①／②／③／④

●関数の利用

教科書 p.124〜129

例題 1

ある電車が，出発してから x 分間に進む距離を y km とすると，$0 \leqq x \leqq 4$ の範囲では，x と y の関係が $y = ax^2$ の式で表されるといいます。

出発してから2分間に進む距離が1kmのとき，この電車が出発してから4分間に進む距離を求めなさい。 ▶▶**1**

考え方 出発してから2分間で1km進んだということは，$x = 2$ のとき $y = 1$ ということです。

答え $x = 2$，$y = \boxed{①}$ を $y = ax^2$ に代入すると，

$1 = 4a \quad a = \dfrac{1}{4}$

よって，$y = \dfrac{1}{4}x^2$ に，$x = 4$ を代入すると，

$y = \dfrac{1}{4} \times \boxed{②}^2 = \boxed{③}$

答 $\boxed{③}$ km

与えられている条件が，x と y のどの値になっているか，読み取ることが大切です。

例題 2

右の表は，荷物の重さと配達料金についての関係を表しています。荷物の重さを x g，料金を y 円とすると，y は x の関数であるといえますか。また，表をもとに，x と y のグラフをかきなさい。 ▶▶**2**

荷物の重さ(g)	料金(円)
60 g まで	80
150 g まで	100
250 g まで	160
350 g まで	240

考え方 $0 < x \leqq 60$，$60 < x \leqq 150$，$150 < x \leqq 250$，$250 < x \leqq 350$ で料金 y の値が変わります。

答え x と y は，ともなって変わる2つの数量であり，

x の値を1つ決めると，y の値が $\boxed{①}$ に決まる。

よって，y は x の関数 $\boxed{②}$。

グラフに表すと，右の図のようになる。

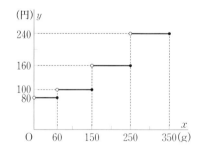

プラスワン いろいろな関数

「以上」「以下」はその値をふくみ，その点を●で表します。
「未満」「より小さい」「より大きい」はその値をふくまず，その点を○で表します。

1 【関数の利用】右の図のような，1辺が6cmの正方形 ABCDがあります。点P，QはAを同時に出発して，点P は秒速2cmで辺AB，BC上をAからCまで動き，点Qは 秒速1cmで辺AD上をAからDまで動きます。点P，Qが Aを出発してからx秒後の△APQの面積を$y$cm²としま す。このとき，次の(1)〜(6)に答えなさい。

教科書 p.127 活動 1

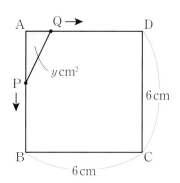

□(1) 点PがAB上を動くとき，x秒後のAPの長さを求め なさい。

□(2) $x=2$のとき，△APQの面積を求めなさい。

□(3) xの変域が$0 \leqq x \leqq 3$のとき，yをxの式で表しなさい。

□(4) $x=3$のときのyの値を求めなさい。

□(5) xの変域が$3 < x \leqq 6$のとき，yをxの式で表しなさい。

□(6) xの変域を$0 \leqq x \leqq 6$として，xとyの関係を右の図に グラフで表しなさい。

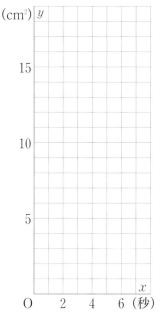

2 【関数の利用】1本のひもを半分に切り，切ってできた2本を重ねてさらに半分に切ります。 このような切り方で，x回切ったときにできるひもの本数をy本とします。このとき，次 の(1)〜(3)に答えなさい。

教科書 p.129 活動 2

□(1) 下の表の◯◯をうめて，表を完成させなさい。

x(回)	0	1	2	3	4	5	⋯
y(本)	1	2	4	①	②	③	⋯

□(2) 対応するx，yの値の組を座標とする点を，右の座標平面上 にとりなさい。

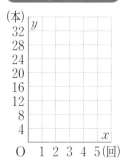

□(3) ひもの本数が100本を超えるのは，ひもを何回以上切ったと きですか。

●キーポイント
ひもの本数は2倍ずつ
増えます。

例題の答え **1**①1 ②4 ③4 **2**①ただ1つ ②である

解答▶▶ p.25　71

時速 x km で走っている車が，ブレーキをかけてから y m 進んで止まるとき，x と y の関係は，$y = ax^2$ の式で表されるといいます。時速 60 km で走っていた車が，ブレーキをかけてから 20 m 進んで止まりました。このとき，次の(1)，(2)に答えなさい。

□(1) a の値を求めなさい。

□(2) 時速 90 km で走っている車は，ブレーキをかけてから何m進んで止まりますか。

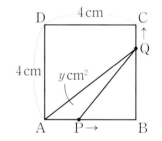

② 右の図は，1辺が 4 cm の正方形 ABCD です。点 P は A を出発点として，毎秒 1 cm の速さで辺 AB 上を B まで動きます。点 Q は B を出発点として，毎秒 2 cm の速さで正方形の周上を C を通って D まで動きます。点 P が A を，点 Q が B を同時に出発してから x 秒後の△APQ の面積を y cm² とします。また，$x = 0$ のとき $y = 0$ とします。このとき，次の(1)〜(3)に答えなさい。

□(1) 点 Q が辺BC上を動くとき，y を x の式で表しなさい。また，x の変域を求めなさい。

□(2) 点 Q が辺CD上を動くとき，y を x の式で表しなさい。また，x の変域を求めなさい。

□(3) 点 P が辺AB上を動くとき，x と y の関係を右の図にグラフで表しなさい。

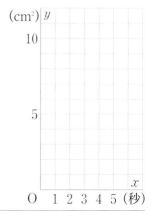

ヒント ② 点Pは毎秒1cmの速さで進むから，x秒間で$x$cm動きます。また，点Qはx秒間で$2×x＝2x$(cm)動きます。点Qが辺CD上にあるときは，△APQの底辺をAPとすると高さは常にBC＝4cmです。

●関数の利用では，式の表し方をしっかりと理解しよう。
図形のなかに現れる関数では，面積を，文字を用いて式に表す問題がほとんどだよ。
xの変域に注意して，場合分けして考えよう。

3 右のグラフは，列車Aが駅を出発してから，x秒間に
進む距離をy mとして，xとyの関係を表したものです。
$0 \leqq x \leqq 60$の範囲では，$y = ax^2$の関係があり，$60 \leqq x$
の範囲では，列車の速さは一定であるといいます。この
とき，次の(1)〜(6)に答えなさい。

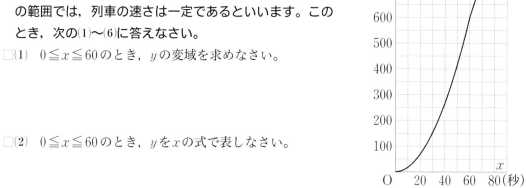

□(1) $0 \leqq x \leqq 60$のとき，yの変域を求めなさい。

□(2) $0 \leqq x \leqq 60$のとき，yをxの式で表しなさい。

□(3) $60 \leqq x$のとき，列車Aの秒速を求めなさい。

□(4) $60 \leqq x$のとき，yをxの式で表しなさい。

□(5) 列車Aが駅を出発するのと同時に，となりの線路を列車Bが秒速10mで通過しまし
た。駅を通過してからx秒間に列車Bが進む距離をy mとして，右上のグラフに表し
なさい。ただし，列車Bの速さは一定であるものとします。

□(6) 列車Aが列車Bに追いつくのは何秒後ですか。

4
章

教科書
124
〜
129
ページ

ヒント **3** (2)x, yの座標がともに整数となっている点を選んで，$y = ax^2$に代入します。
(5)列車Bの速さは一定だから，グラフは直線になります。

時間 30分　　合格 70点　／100点

❶ 右の表は，関数 $y = ax^2$ のグラフを表しています。このとき，次の(1)～(5)に答えなさい。[知]

x	-2	-1	0	1	2	3
y	㋐		0		2	㋑

(1) a の値を求めなさい。

(2) 表の㋐，㋑に入る値を求めなさい。

(3) x の値が1から3まで増加するときの y の増加量を求めなさい。

(4) x の値が -3 から0まで増加するときの変化の割合を求めなさい。

(5) x の変域が $-1 \leqq x \leqq 4$ のときの y の変域を求めなさい。

❶　点/24点(各4点)

(1)	
(2)	㋐
	㋑
(3)	
(4)	
(5)	

❷ 右の㋐～㋔の放物線の式を求めなさい。[知]

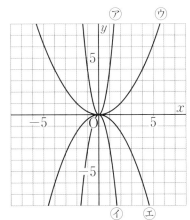

❷　点/16点(各4点)

㋐	
㋑	
㋒	
㋓	

❸ 次の(1)～(4)にあてはまる放物線の式を，下の㋐～㋔のなかからすべて選び，記号で答えなさい。[知]

(1) y の値が正の値をとらない。

(2) 2つのグラフが x 軸について対称になっている。

(3) グラフが点 $(2, 8)$ を通る。

(4) グラフの開き方が最も大きい。

㋐　$y = x^2$　　㋑　$y = -2x^2$　　㋒　$y = -\dfrac{1}{5}x^2$

㋓　$y = 5x^2$　　㋔　$y = 2x^2$

❸　点/20点(各5点)

(1)	
(2)	
(3)	
(4)	

成績評価の観点　[知]…数量や図形などについての知識・技能　[考]…数学的な思考・判断・表現

❹ 次の(1)，(2)に答えなさい。 [知]

(1) 関数 $y = ax^2$ と関数 $y = -3x + 2$ について，x の値が 2 から 4 まで増加するときのそれぞれの変化の割合が等しいとき，a の値を求めなさい。

(2) 関数 $y = x^2$ で，x の値が -4 から b まで増加するときの変化の割合が 2 であるとき，b の値を求めなさい。

❹	点/10点(各5点)
(1)	
(2)	

❺ 時速 $x\,\text{km}$ で走っている列車は，ブレーキをかけてから止まるまでに $y\,\text{m}$ 進んでしまいます。この x と y の関係は，$y = ax^2$ の式で表されるといいます。時速 $30\,\text{km}$ で走っていた列車は，ブレーキをかけてから $45\,\text{m}$ 進んで止まりました。このとき，次の(1)～(3)に答えなさい。 [考]

(1) a の値を求めなさい。

(2) 時速 $60\,\text{km}$ で走っていたとすると，何 m 進んで止まりますか。

(3) ブレーキをかけてから $320\,\text{m}$ 進んだとき，時速何 km で走っていたことになりますか。

❺	点/15点(各5点)
(1)	
(2)	
(3)	

❻ 右の図で，放物線は関数 $y = ax^2$ のグラフであり，A$(2,\ 4)$，B$(4,\ 4)$ とします。これについて，次の(1)～(3)に答えなさい。 [考]

(1) $y = ax^2$ のグラフが点 A を通るとき，a の値を求めなさい。

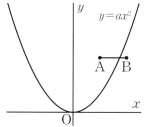

❻	点/15点(各5点)
(1)	
(2)	
(3)	

(2) $y = ax^2$ のグラフが線分 AB 上の点を通るとき，a の値の範囲を不等号を使って表しなさい。

(3) $a = \dfrac{1}{3}$ のとき，$y = ax^2$ のグラフと線分 AB との交点の座標を求めなさい。

知	/70点	考	/30点

解答▶▶ p.27

●**関数 $y=ax^2$**

・y が x の関数で，$y=ax^2$（a は定数，$a \neq 0$）という式で表されるとき，y は x の2乗に比例するという。

・$y=ax^2$ について，a を比例定数という。

●**関数 $y=ax^2$ のグラフ**

1 原点を通る。

2 y 軸について対称な放物線である。

3 $a>0$ のとき，上に開いた放物線で，原点以外の放物線上の点は x 軸の上側にある。

　$a<0$ のとき，下に開いた放物線で，原点以外の放物線上の点は x 軸の下側にある。

4 a の絶対値が大きいほど，グラフの開き方は小さい。

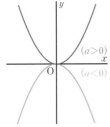

●**$y=ax^2$ の値の変化**

・$a>0$ のとき

1 x の値が増加すると，

　$x<0$ のとき，y の値は減少する。

　$x>0$ のとき，y の値は増加する。

2 $x=0$ のとき，y は最小値0をとる。

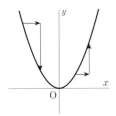

・$a<0$ のとき

1 x の値が増加すると，

　$x<0$ のとき，y の値は増加する。

　$x>0$ のとき，y の値は減少する。

2 $x=0$ のとき，y は最大値0をとる。

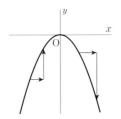

●**関数 $y=ax^2$ の変域**

x の変域の端の値が，y の変域の端の値に必ず対応しているとは限らない。

(例) 関数 $y=x^2$ について，x の変域が，$-1 \leqq x \leqq 2$ のとき，y の値は，

　$x=0$ のとき，最小値0

　$x=2$ のとき，最大値4

をとるから，y の変域は，$0 \leqq y \leqq 4$

●**変化の割合**

・関数 $y=ax^2$ の変化の割合は一定ではない。

(例) $y=x^2$ について，

　x の値が1から2まで増加するときの変化の割合は，

$$\frac{（y \text{の増加量}）}{（x \text{の増加量}）} = \frac{4-1}{2-1} = 3$$

　x の値が3から4まで増加するときの変化の割合は，

$$\frac{（y \text{の増加量}）}{（x \text{の増加量}）} = \frac{16-9}{4-3} = 7$$

・関数 $y=ax^2$ で，x の値が p から q まで増加するときの変化の割合は，グラフ上の2点 (p, ap^2)，(q, aq^2) を通る直線の傾きと等しい。

ぴたトレ 0 スタートアップ

5章　相似と比

次の学習に入る前に取り組もう。

□比例式の性質　⬅ 中学１年

$a:b=c:d$ ならば $ad=bc$

□三角形の合同条件　⬅ 中学２年

1　3組の辺がそれぞれ等しい。

2　2組の辺とその間の角がそれぞれ等しい。

3　1組の辺とその両端(りょうたん)の角がそれぞれ等しい。

1 次の比例式を解きなさい。　⬅ 中学１年〈比例式〉

(1)　$x:5=6:15$　　(2)　$12:x=3:8$

(3)　$6:9=x:15$　　(4)　$x:(x+3)=4:7$

ヒント　比例式の性質を使って……

2 下の図の三角形を，合同な三角形の組に分けなさい。
また，そのとき使った合同条件を答えなさい。　⬅ 中学２年〈三角形の合同条件〉

ヒント　三角形の辺の長さや角の大きさに着目して……

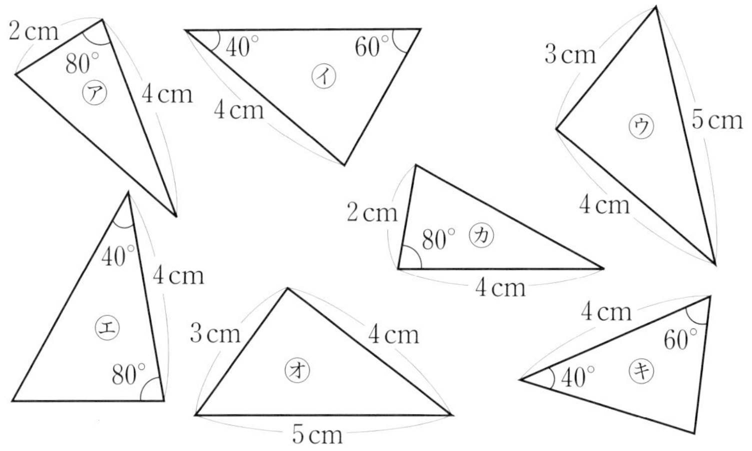

解答▶▶ p.28

5章 相似と比

1節 相似な図形
① 図形の拡大・縮小と相似／② 相似な図形の性質と相似比

● 相似な図形

教科書 p.138〜139

例題 1 右の図で，2つの三角形は相似です。このとき，次の(1)〜(4)に答えなさい。 ▶▶**1**

(1) 点Aに対応する点を答えなさい。

(2) 辺ACに対応する辺を答えなさい。

(3) ∠Eに対応する角を答えなさい。

(4) 2つの三角形が相似であることを，記号∽を使って表しなさい。

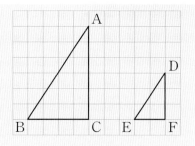

考え方 (4) 相似であることを表すとき，2つの図形の対応する頂点は，同じ順に書きます。

答え (1) 点Aに対応するのは，点 $\boxed{①}$

(2) 辺ACに対応するのは，辺 $\boxed{②}$

(3) ∠Eに対応するのは，∠ $\boxed{③}$

(4) 記号∽を使って表すと，△ABC∽△ $\boxed{④}$

> **プラスワン** 相似
>
> ある図形を拡大または縮小した図形があるとき，その図形ともとの図形は**相似**であるといいます。

● 相似な図形の性質と相似比

教科書 p.140〜141

例題 2 右の図で，△ABC∽△A′B′C′のとき，次の(1)，(2)に答えなさい。 ▶▶**1**〜**3**

(1) △ABCと△A′B′C′の相似比を求めなさい。

(2) 辺ABの長さを求めなさい。

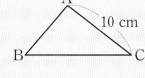 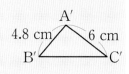

考え方 相似な図形で，対応する線分の比を，それらの図形の相似比といいます。

答え (1) AC：A′C′＝10：6＝5： $\boxed{①}$

よって，△ABCと△A′B′C′の相似比は，5： $\boxed{①}$

(2) 相似な2つの三角形の対応する辺の比は等しいから，

AB：A′B′＝AC：A′C′

AB＝$x$cmとすると，

x：4.8＝10： $\boxed{②}$

6x＝48

x＝ $\boxed{③}$ 答 $\boxed{③}$ cm

> △ABC と △A′B′C′ の相似比から，辺の長さを求めてもよいです。

1 【相似な図形】右の図の四角形 ABCD と四角形 EFGH は相似です。このとき，次の(1)，(2)に答えなさい。

教科書 p.139たしかめ1，p.140例2

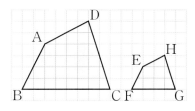

□(1) 2つの四角形が相似であることを，記号∽を使って表しなさい。

●キーポイント
(2) 図のます目を使い，調べます。

□(2) 四角形 ABCD と四角形 EFGH の相似比を求めなさい。

2 【相似比】右の図で，△ABC∽△EFD のとき，△ABC と△EFD の相似比を求めなさい。

教科書 p.140例2，p.141Q1

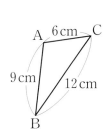
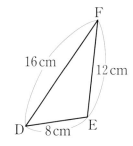

5
章

教科書138〜141ページ

3 【相似な図形の性質と相似比】右の図で，四角形 ABCD∽四角形 EFGH のとき，次の(1)，(2)に答えなさい。

教科書 p.141Q2

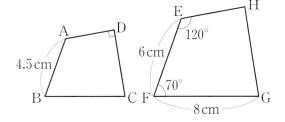

□(1) ∠B，∠G の大きさをそれぞれ求めなさい。

●キーポイント
相似な図形では，対応する角の大きさはそれぞれ等しくなります。

□(2) 辺 BC の長さを求めなさい。

例題の答え **1**①D ②DF ③B ④DEF **2**①3 ②6 ③8

●相似の位置

教科書 p.142〜143

　右の図で，△ABCと△A′B′C′は，点Oを相似の中心（そうじ）として，相似の位置にあります。

OA＝4cm，OA′＝8cmのとき，次の(1)，(2)に答えなさい。　▶▶ **1** **2**

(1)　OB：OB′を求めなさい。

(2)　辺BCと平行な辺を答えなさい。

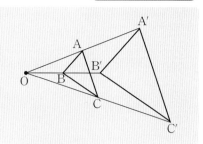

考え方　(1)　相似の中心から対応する点までの距離の比はすべて等しくなります。

(2)　相似の位置にある2つの図形の対応する辺は，それぞれ平行です。

プラスワン　相似の位置，相似の中心

相似な図形の対応する2点を通る直線がすべて1点Oで交わり，Oから対応する点までの距離の比がすべて等しいとき，それらの図形は相似の位置にあるといい，Oを相似の中心といいます。

答え　(1)　OA：OA′＝OB：OB′＝4：8＝1：⁽¹⁾□

(2)　対応する辺は平行だから，BC∥⁽²⁾□

●三角形の相似条件

教科書 p.144〜146

　下の図で，相似な三角形の組を見つけ，記号∽を使って表しなさい。また，そのときに使った相似条件を答えなさい。　▶▶ **3**

A 3cm 40° B 4cm C　　D 6cm F 4cm E 4cm　　G 6cm I 4cm H 6cm　　J K 8cm 40° L 6cm　　M 3cm N 2cm O 3cm

考え方　辺の比や同じ大きさの角に着目します。

答え　△ABCと△JLKは，

2組の⁽¹⁾□の比が等しく，その間の角が等しいので，

△ABC∽△JLK

△GHIと△NOMは，

3組の⁽²⁾□の比がすべて等しいので，

△GHI∽△⁽³⁾□

プラスワン　三角形の相似条件

2つの三角形は，次のどれかが成り立つとき，相似です。

1　3組の辺の比がすべて等しい。

$a : a' = b : b' = c : c'$

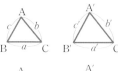

2　2組の辺の比が等しく，その間の角が等しい。

$a : a' = c : c'$，∠B＝∠B′

3　2組の角がそれぞれ等しい。

∠B＝∠B′，∠C＝∠C′

1 【相似の位置】次の図形⑦と⑦は相似の位置にあります。相似の中心Oを図に示しなさい。

教科書 p.143 Q2

□(1)

□(2)

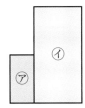

●キーポイント
対応する2点を通る直線すべてが交わる点が相似の中心Oです。

2 【相似の位置】右の図の，点Oを相似
□ の中心として，△ABCと相似の位置
にある△DEFをかきなさい。ただし，
△ABCと△DEFの相似比は，1:2と
します。　教科書 p.143 Q3

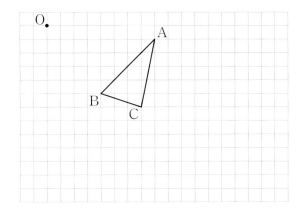

3 【三角形の相似条件】下の図で，相似な三角形の組を見つけ，記号∽を使って表しなさい。
□ また，そのときに使った相似条件を答えなさい。　教科書 p.146 Q1

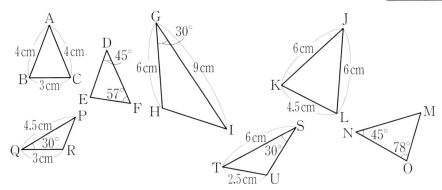

例題の答え **1**①2　②B′C′　**2**①辺　②辺　③NOM

●相似な三角形と相似条件

教科書 p.147

例題 1 右の図で，相似な三角形を見つけます。次の(1)，(2)に答えなさい。　▶▶**1**

(1) 相似な三角形を，記号∽を使って表しなさい。

(2) (1)で使った相似条件を答えなさい。

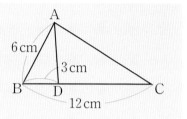

考え方　共通な角をもつ三角形を見つけます。

答え　△ABDを取り出してかくと右の図のようになります。

(1) 対応する頂点の順に書くので，

△ABC∽△[①⬚]

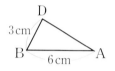

(2) △ABCと△DBAで，

AB：DB＝6：3＝2：1

BC：BA＝12：6＝2：[②⬚]

∠Bは共通だから，∠ABC＝∠DBA

これより，2組の[③⬚]の比が等しく，

その間の角が等しい。

> 三角形の向きをそろえるとよいです。

●三角形の相似条件を使った証明

教科書 p.148～149

例題 2 ∠A＝90°である△ABCの辺AB上の点Dから斜辺BCに垂線DEをひきます。このとき，△ABC∽△EBDであることを証明しなさい。　▶▶**2 3**

考え方　90°の角と共通な角があることに着目します。

証明　△ABCと△EBDで，

仮定から，

∠BAC＝∠[①⬚]＝90°　……⑦

共通な角だから，

∠ABC＝∠[②⬚]　……④

⑦，④から，2組の角がそれぞれ等しいので，

△ABC∽△EBD

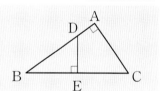

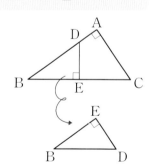

1 【相似な三角形と相似条件】下の図で，相似な三角形を見つけ，記号∽を使って表しなさい。また，そのときに使った相似条件を答えなさい。

教科書 p.147 Q2

□(1)

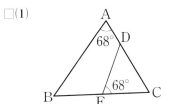

●キーポイント
(2) 対頂角が等しいことを使います。

□(2)

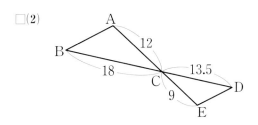

2 【三角形の相似条件を使った証明】右の図で，∠ACB＝∠ADEであるとき，△ABC∽△AEDであることを証明しなさい。

教科書 p.148 例題 1

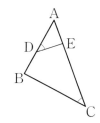

3 【三角形の相似条件を使った証明】右の図のように，2つの線分 AB，CD が交わっています。AC∥BD のとき，次の(1)，(2)に答えなさい。

教科書 p.148 例題1，p.149 Q2

□(1) △AEC∽△BED であることを証明しなさい。

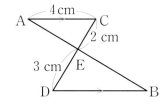

●キーポイント
(1) 仮定から，等しい角を見つけます。

□(2) 辺 DB の長さを求めなさい。

例題の答え **1** ①DBA ②1 ③辺 **2** ①BED ②EBD

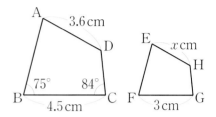

1 右の図で，四角形 ABCD ∽四角形 EFGH のとき，次の(1)〜(3)に答えなさい。

□(1) 四角形ABCDと四角形EFGHの相似比（そうじひ）を求めなさい。

□(2) xの値（あたい）を求めなさい。

□(3) ∠Fの大きさを求めなさい。

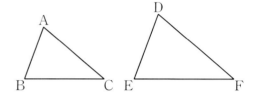

2 右の図は，△ABC ∽△DEFで，BC = 12cm，EF = 15cm です。次の(1)〜(3)に答えなさい。

□(1) △ABCと△DEFの相似比を求めなさい。

□(2) DFの長さはACの長さの何倍か求めなさい。

□(3) DE = 10cmのとき，ABの長さを求めなさい。

3 下の図で，点 O を相似の中心として，図形㋐と相似の位置にある，図形㋐と図形㋑の相似比が以下のような，図形㋑をかきなさい。

□(1) 相似比 3：1　　　　　　　　□(2) 相似比 1：2

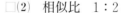

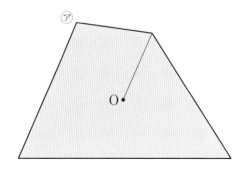

ヒント ① (1)4.5：3→小数の比のときは，まず10倍，100倍して整数の比にしてから，簡単にします。
　　　 ② (3)求めたいABをふくめた比例式をつくります。

●相似な図形について, しっかりと理解しよう。
相似比を使って辺の長さを求めたり, 角の大きさを求めたりする問題は基本問題として出ることが多いよ！ 相似条件は必ず暗記しておこう。合同条件と混同しないようにしよう。

4 下の図で, 相似な三角形を見つけ, 記号∽を使って表しなさい。また, そのときに使った相似条件を答えなさい。

□(1)

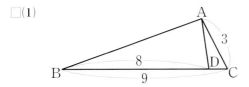

□(2)

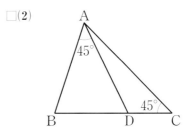

5 右の図のような∠A ＝ 90°の△ABCで, 頂点Aから底辺BCに垂線をひき, BCとの交点をDとします。このとき, 次の(1)〜(3)に答えなさい。

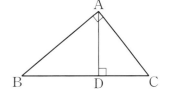

□(1) △ABC∽△DBAを証明しなさい。

□(2) (1)のように△ABCと△DBAは相似であるが, それ以外に△ABCと相似になる三角形を見つけ, 記号∽を使って表しなさい。

□(3) AB ＝ 20cm, AC ＝ 15cm, BD ＝ 16cmのとき, ADの長さを求めなさい。

6 下の図で, △ABC∽△ADEのとき, *x*の値を求めなさい。

□(1)

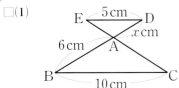

□(2)

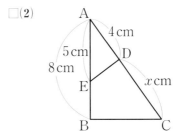

ヒント **5** (3)相似が示せたので, 対応する辺の比を考えて, 比例式をつくります。
　　　 6 (2)ACの長さを(4＋*x*)cmとして, 比例式をつくります。

●三角形と比

教科書 p.150〜151

例題 1 右の図で，DE//BC です。x，y の値を求めなさい。

▶▶**1**

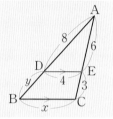

考え方　DE//BC のとき，AE：AC＝DE：BC，AD：DB＝AE：EC であることを使います。

答え DE//BC のとき，

AE：AC＝DE：BC だから，

$6：9＝\boxed{①\qquad}：x \quad x＝\boxed{②\qquad}$

AD：DB＝AE：EC だから，

$\boxed{③\qquad}：y＝6：3 \quad y＝\boxed{④\qquad}$

> **プラスワン** 三角形と比の定理
>
> △ABC で，辺 AB, AC 上の点をそれぞれ D, E とします。
> 1　DE//BC ならば，
> 　　AD：AB＝AE：AC
> 　　　　　　＝DE：BC
> 2　DE//BC ならば，
> 　　AD：DB＝AE：EC
>
>

●三角形と比の定理の逆

教科書 p.152〜153

例題 2 右の図で，DE//BC が成り立つ理由を説明しなさい。

▶▶**2**

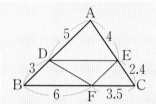

考え方　線分の長さの比に着目します。

説明 AD：DB＝5：3，

AE：EC＝4：2.4 ⎫ 等しい

　　　＝$\boxed{①\qquad}$：3

したがって，$\boxed{②\qquad}$ //BC

> **プラスワン** 三角形と比の定理の逆
>
> △ABC で，辺 AB, AC 上の点をそれぞれ D, E とします。
> 1　AD：AB＝AE：AC ならば，
> 　　DE//BC
> 2　AD：DB＝AE：EC ならば，
> 　　DE//BC
>
>

●平行線と線分の比

教科書 p.154〜155

例題 3 右の図で，直線 ℓ，m，n は平行です。x の値を求めなさい。

▶▶**3**

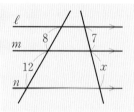

考え方　2直線は，平行な3つの直線によって，等しい比に分けられます。

答え 3直線 ℓ，m，n は平行だから，

$8：12＝\boxed{①\qquad}：x$ ⎫

$x＝\boxed{②\qquad}$ ⎭ $8x＝84$

> **プラスワン** 平行線と線分の比の定理
>
> 3つ以上の平行線に，1つの直線がどのように交わっても，その直線は平行線によって一定の比に分けられます。
> 　$a：b＝a'：b'$
>
>

1 【三角形と比】下の図で，DE∥BCです。x，yの値を求めなさい。

教科書 p.151 例3, Q3

□(1)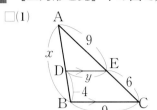

□(2)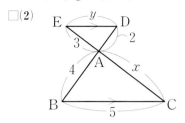

●キーポイント
(2)のように2点D, Eがそれぞれ辺BA, CAの延長上にある場合も，三角形と比の定理は成り立ちます。

2 【三角形と比の定理の逆】右の図のように，四角形ABCDの対角線AC，BDをひき，AC上に点Pをとり，PQ∥ABとなる点Qを辺BC上に，PR∥ADとなる点Rを辺CD上にとるとき，QR∥BDとなることを証明しなさい。

教科書 p.152 活動1

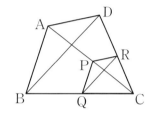

●キーポイント
QR∥BDを証明するには，
CQ:QB=CR:RDを示します。

3 【平行線と線分の比】下の図で，直線ℓ，m，nは平行です。xの値を求めなさい。

教科書 p.155 例2, Q1

□(1)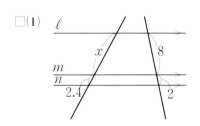

□(2)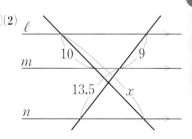

●キーポイント
(2)は，対応する線分をxで表して式をつくります。

例題の答え **1** ①4 ②6 ③8 ④4 **2** ①5 ②DE **3** ①7 ②10.5$\left(\dfrac{21}{2}\right)$

●中点連結定理

 例題 1 右の図の△ABCで，辺AB, BC, CAの中点をそれぞれP, Q, Rとします。このとき，△ABC∽△QRPとなることを証明しなさい。 ▶▶**1**

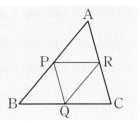

考え方　点P，Q，Rが各辺の中点だから，中点連結定理を使います。

証明　中点連結定理から，

$$QR = \boxed{}^{①} AB$$

$$PR = \frac{1}{2}CB$$

$$PQ = \frac{1}{2}CA$$

プラスワン　中点連結定理

△ABC の辺 AB，AC の中点をそれぞれ M，N とするとき，

$$MN /\!/ BC, \quad MN = \frac{1}{2} BC$$

したがって，

$$QR : AB = PR : CB = PQ : CA = \boxed{}^{②} : 1$$

よって，3組の辺の比がすべて等しいから，△ABC∽△QRP

●三角形の角の二等分線と比

 例題 2 右の図で，∠BAD＝∠CADです。xの値を求めなさい。 ▶▶**2**

考え方　△ABCで，∠Aの二等分線と辺BCとの交点をDとすると，AB：AC＝BD：CDが成り立ちます。

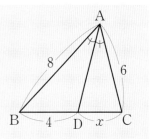

答え　AB：AC＝BD：CDだから，

$$8 : \boxed{}^{①} = \boxed{}^{②} : x \quad x = \boxed{}^{③}$$

●平行線と図形の面積

 例題 3 右の四角形は，AD∥BCの台形です。△ABDと△DBCの面積の比を求めなさい。 ▶▶**3**

考え方　△ABDと△DBCの高さが共通で等しいことを使います。

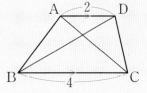

答え　△ABDの底辺を辺AD，△DBCの底辺を辺BCとみると，高さは共通だから，

$$\triangle ABD : \triangle DBC = \underbrace{\boxed{}^{①}}_{\text{辺AD}} : \underbrace{\boxed{}^{②}}_{\text{辺BC}} = 1 : 2$$

1 【中点連結定理】右の図で，点C，D，E，Fは，それぞ
れPA，PB，QA，QBの中点です。このとき，四角形
ECDFは平行四辺形であることを証明しなさい。

教科書 p.157 活動 2，Q2

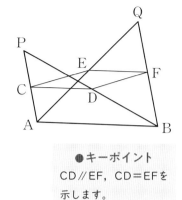

● キーポイント
CD∥EF，CD＝EFを
示します。

2 【三角形の角の二等分線と比】下の図で，∠BAD＝∠CADです。xの値を求めなさい。

教科書 p.159 Q1

● キーポイント
ADは∠Aの二等分線で
す。

(1)

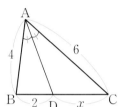

(2)

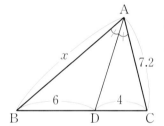

3 【平行線と図形の面積】右の図のように，平行な3直
線p，q，rに直線ℓ，mが交わっています。
次の三角形の面積の比を求めなさい。

教科書 p.160 Q1

(1) △AED と △ABE

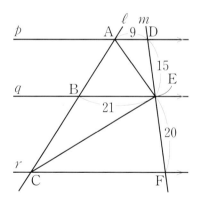

(2) △ABE と △BCE

例題の答え **1** ①$\frac{1}{2}$ ②$\frac{1}{2}$ **2** ①6 ②4 ③3 **3** ①2 ②4

1 次の図で，x の値を求めなさい。

□(1)　BC∥ED

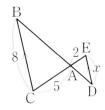

□(2)　BC∥DE

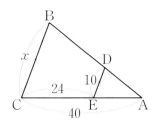

□(3)　AB，CD，EF は平行

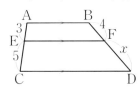

□(4)　∠ABD＝∠DBC

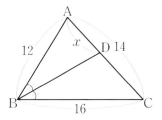

2 右の図で，四角形 ABCD は，AD∥BC の台形で，AD∥EF，AD＝3cm，BC＝8cm，DF：CF＝3：2 です。
このとき，次の線分の長さを求めなさい。

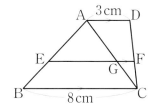

□(1)　線分 EG

□(2)　線分 EF

3 右の図のように，平行四辺形 ABCD の辺 BC 上に，BE：EC＝1：3 となるように，点 E をとり，BD と AE との交点を F とします。BD＝10cm のとき，次の(1)，(2)に答えなさい。

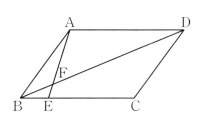

□(1)　AF：FE の比を求めなさい。

□(2)　FD の長さを求めなさい。

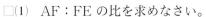

ヒント　**2** (1)DF：FC＝3：2から，DF：DC＝3：(3+2)＝3：5
　　　AD∥EF∥BCから，DF：FC＝AG：GCを利用して考えます。

4 右の図で，AB，CD，EF は平行で，CD = 15cm，
EF = 6cm です。このとき，次の⑴，⑵に答えなさい。

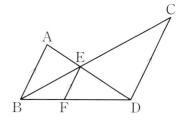

□⑴　BF：FD を求めなさい。

□⑵　AB の長さを求めなさい。

5 右の図で，2点 M，N は△ABC の 2辺 AB，AC の中点，点
P は AC の延長上に PC：CA = 1：2 となるようにとった点で
す。PM と BC の交点を Q とし，BC = 8cm とするとき，次
の⑴～⑶に答えなさい。

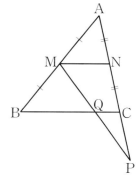

□⑴　MN の長さを求めなさい。

□⑵　PC：CN：NA を求めなさい。

□⑶　QC の長さを求めなさい。

6 右の図のように，AD∥BC，AD：BC = 2：3 の台形 ABCD
があり，対角線の交点を O とします。△ABC の面積が 18cm²
のとき，次の三角形の面積を求めなさい。

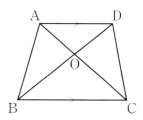

□⑴　△ACD

□⑵　△BOC

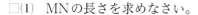
5
章

教科書
150
～
160
ペ
ー
ジ

 ヒント　**5** ⑶△PMN において，MN∥QC です。

　　　6 高さが等しい三角形の面積の比は，底辺の比と等しくなります。

5章　相似と比
3節　相似な図形の面積と体積
① 　相似な図形の面積

●相似な図形の面積　　　　　　　　　　　　　　　教科書 p.162〜163

例題 1 △ABC∽△A′B′C′で，その相似比が3：4のとき，△ABCと△A′B′C′の面積の
比を求めなさい。　　　　　　　　　　　　　　　　　　　　　　　　　　▶▶■

考え方 相似な三角形では，相似比が $m：n$ のとき，面積の比は $m^2：n^2$ になります。

答え 相似比が3：4だから，面積の比は，

$$\boxed{①}^2 : \boxed{②}^2 = \boxed{③} : \boxed{④}$$

例題 2 四角形ABCD∽四角形EFGHで，BC＝4cm，FG＝6cmです。このとき，次の(1)，
(2)に答えなさい。　　　　　　　　　　　　　　　　　　　　　　　　　▶▶■■
(1)　四角形ABCDと四角形EFGHの相似比を求めなさい。
(2)　四角形ABCDの面積が40cm² のとき，四角形EFGHの面積を求めなさい。

考え方 (1) 対応する辺の長さの比を求めます。
(2) 相似な図形では，相似比が $m：n$ のとき，面積の比は $m^2：n^2$ になります。

答え (1)　相似な図形で，対応する線分の比が相似比だから，

$$BC：FG = 4：6 = \boxed{①} : \boxed{②}$$

(2)　相似比が $\boxed{①} : \boxed{②}$ だから，面積の比は，

$$\boxed{①}^2 : \boxed{②}^2 = \boxed{③} : \boxed{④}$$

四角形EFGHの面積を x cm² とすると，

$$40：x = \boxed{③} : \boxed{④}$$

$a：b = c：d$ ならば $ad = bc$

$$4x = 360$$
$$x = \boxed{⑤}$$

答 $\boxed{⑤}$ cm²

相似な図形の相似比がわかれば，
面積の比もわかります。
一方の面積がわかっているとき，
もう一方の面積は，面積の比の
比例式をつくって求めることが
できます。

1 【相似な図形の面積】右の図の2つの三角形
ABCとDEFは相似です。
△ABCと△DEFの面積の比を求めなさい。

教科書 p.162 Q1,
p.163 Q3

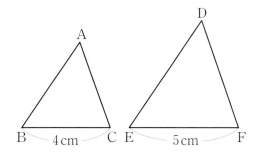

2 【相似な図形の面積】右の図のようなAD∥BCの台形
ABCDで，対角線の交点をOとします。
AD：BC＝2：3のとき，次の(1)，(2)に答えなさい。

教科書 p.163 Q4

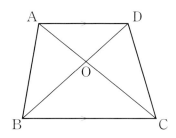

□(1) △AOD∽△COBであることを証明しなさい。

□(2) △AODの面積が12cm²であるとき，△COBの面積を求めなさい。

3 【相似な図形の面積】右の図のように，△ABCの辺AB，
ACをそれぞれ3等分する点をDとE，FとGとします。
△ADFの面積が4cm²であるとき，四角形EBCGの面
積を求めなさい。

教科書 p.163 Q4

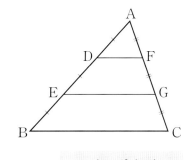

●キーポイント
△ADFと△AEGと
△ABCの面積の比は，
$1^2 : 2^2 : 3^2$です。

例題の答え **1** ①3 ②4 ③9 ④16 **2** ①2 ②3 ③4 ④9 ⑤90

●相似な立体の表面積の比と体積の比

教科書 p.164～166

例題 1 右の図の2つの球OとO′について，次の(1)～(3)に
答えなさい。　▶▶**1**

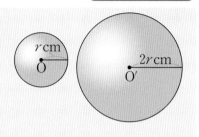

(1) 球OとO′の相似比（そうじひ）を求めなさい。
(2) 球OとO′の表面積をそれぞれ求め，それらの
表面積の比を求めなさい。
(3) 球OとO′の体積をそれぞれ求め，それらの体
積の比を求めなさい。

考え方 半径が r の球の表面積を S，体積を V とすると，

$$S = 4\pi r^2, \quad V = \frac{4}{3}\pi r^3$$

> ある立体を拡大したり縮小
> したりした立体があるとき，
> その立体ともとの立体は相
> 似であるといいます。

答え (1) 相似な立体の対応する線分の比は等しく，
その比が相似比だから，

$r : 2r = $ 〔①　　　　〕 : 〔②　　　　〕

(2) (球Oの表面積) $= 4\pi r^2 \text{cm}^2$

(球O′の表面積) $= 4\pi \times (2r)^2 = $ 〔③　　　　〕 (cm^2)

となるから，表面積の比は，

$4\pi r^2 : $ 〔③　　　　〕 $= $ 〔④　　　　〕 : 〔⑤　　　　〕

(3) (球Oの体積) $= \dfrac{4}{3}\pi r^3 \text{cm}^3$

(球O′の体積) $= \dfrac{4}{3}\pi \times (2r)^3 = $ 〔⑥　　　　〕 (cm^3)

となるから，体積の比は，

$\dfrac{4}{3}\pi r^3 : $ 〔⑥　　　　〕 $= $ 〔⑦　　　　〕 : 〔⑧　　　　〕

例題 2 相似比が $3:2$ の相似な2つの立体P，Qがあります。立体Pの体積が $135\,\text{cm}^3$ のとき，
立体Qの体積を求めなさい。　▶▶**2 3**

考え方 相似な立体では，相似比が $m:n$ のとき，表面積の比は $m^2:n^2$，体積の比は $m^3:n^3$ に
なります。

答え 立体Qの体積を $x\,\text{cm}^3$ とすると，

$135 : x = $ 〔①　　　　〕$^3 : 2^3$　　$x = $ 〔②　　　　〕　　　　　　答 〔②　　　　〕 cm^3

1 【相似な立体の表面積】右の図のように，相似な2つの円柱⑦，⑦があります。次の(1)，(2)に答えなさい。

教科書 p.165 Q4, 5

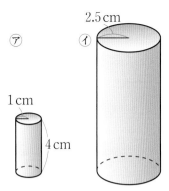

□(1) 円柱⑦と⑦の相似比と表面積の比をそれぞれ求めなさい。

□(2) 円柱⑦の高さを求めなさい。

2 【相似な立体の体積】右の図のように，相似な2つの四角錐⑦，⑦があります。次の(1)，(2)に答えなさい。

教科書 p.166 Q2

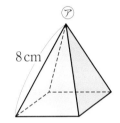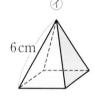

□(1) 四角錐⑦と⑦の相似比と体積の比をそれぞれ求めなさい。

□(2) 四角錐⑦の体積が324 cm³のとき，四角錐⑦の体積を求めなさい。

3 【相似な立体の体積】右の図のような円錐の容器に，コップで水を1回入れると，深さが容器の$\frac{1}{3}$になりました。この容器を満水にするには，このコップであと何回水を入れるとよいかを求めなさい。

教科書 p.166

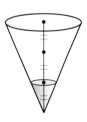

●キーポイント
水が入っている部分と容器の相似比は1：3です。

●相似な図形の利用

教科書 p.167〜170

例題 1　右の図のように，ある木ABの近くに高さ1mの棒DEが立っています。ある時刻に木の影の長さBCと棒の影の長さEFを測ったら，それぞれ9m，0.75mでした。∠B＝∠E＝90°，∠C＝∠Fとするとき，木の高さを求めなさい。　▶▶**1 3**

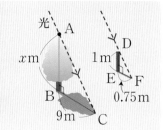

考え方　△ABCと△DEFの相似を使います。

答え　△ABCと△DEFで，
　　　仮定から，　∠B＝∠E＝90°　……⑦
　　　　　　　　∠C＝∠[①□]　……⑦

⑦，⑦から，[②□]がそれぞれ等しいので，△ABC∽△DEF
対応する辺の比は等しいから，
　　AB：DE＝BC：EF
AB＝xmとすると，
　　$x：1＝9：0.75$　　$x＝$[③□]

答　[③□]m

例題 2　右の図で，池の両端にある2地点A，B間の距離を求めるために，地点Aから50m，地点Bから70m離れたところに地点Cをとり，∠ACBの大きさを調べたら80°でした。2地点A，B間の距離はおよそ何mですか。
　▶▶**2**

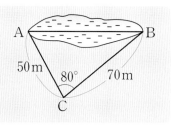

考え方　直接測ることが難しい2地点間の距離は，相似な図形を利用して求めることができます。△ABCの縮図をかいて，ABに対応する線分の長さを測ります。

答え　△ABCの$\dfrac{1}{1000}$の縮図△A'B'C'をかき，A'B'の長さを測ると，約7.8cmになる。このとき，
　　AB＝7.8×[①□]
　　　＝[②□]（cm）

したがって，2点A，B間の距離は，およそ[③□]m

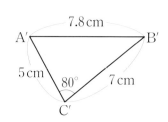

1 【相似な図形の利用】右の図のように，木の根元から20m離れた水平な地面の上に鏡を置き，木の根元と鏡を結ぶ直線上で，鏡から木の先端(せんたん)が鏡に映って見える位置を調べると，鏡から3m離れたときに，木の先端が見えました。目の高さを1.5mとして，木の高さを求めなさい。 教科書 p.168 Q1

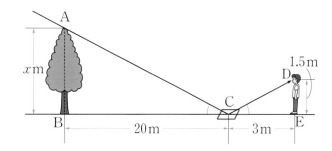

●キーポイント
理科で学んだ，光の入射角と反射角が等しいことを使います。

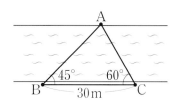
反射角　　入射角

2 【相似な図形の利用】川の対岸の2地点A，B間の距離を求めるために，地点Bから30m離れたところに地点Cをとり，∠ABC，∠ACBの大きさを調べたら，右の図のようになりました。下の□に縮図をかいて，2地点A，B間の距離を求めなさい。 教科書 p.169 Q1

●キーポイント
縮図△A'B'C'をかいて，A'B'の長さを測ります。

3 【相似な図形の利用】ある店にペンキを買いに行ったところ，右のような大小2つの種類のペンキが置いてありました。2つのペンキの入れものを相似な円柱とみると，2800円分買うとき，小さいペンキを7個買うのと，大きいペンキを1個買うのでは，どちらのほうが得か答えなさい。 教科書 p.170 Q2

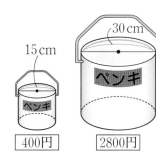

5
章

教科書167〜170ページ

例題の答え **1** ①F　②2組の角　③12　**2** ①1000　②7800　③78

よく出る ① 右の図の△DBE は，△ABC を拡大したものです。この
とき，次の⑴，⑵に答えなさい。

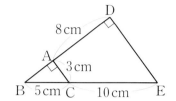

　□⑴　△ABC と△DBE の面積の比を求めなさい。

　□⑵　四角形 ACED の面積が 48cm² のとき，△DBE の面積
　　　を求めなさい。

② 右の図で，BC∥ED です。△ABC と△ADE の面積
□　がそれぞれ 216cm²，96cm² のとき，辺 DE の長さを
　求めなさい。

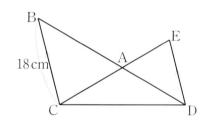

③ 右の図の三角錐 OABC は，体積が 192cm³，底面の△ABC の
面積が 64cm² です。辺 OA 上の点 P を通り，底面に平行な平
面で切った切り口の△PQR の面積が 36cm² のとき，次の⑴，
⑵に答えなさい。

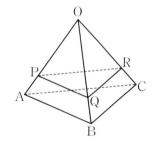

　□⑴　OA＝12cm のとき，OP の長さを求めなさい。

　□⑵　三角錐 OPQR の体積を求めなさい。

④ 右の図は，相似である 2 つの長方形です。この長方形 2 つを，直線 ℓ を
□　軸にして 1 回転させてできる 2 つの立体のうち，小さいほうを㋐，大き
　いほうを㋑とします。このとき，立体㋐と㋑の表面積の比を求めなさい。

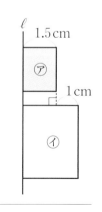

ヒント ③ 三角錐 OABC と三角錐 OPQR は相似な立体です。
　　　　④ 立体の相似比は，2 つの長方形の相似比に等しいです。

●相似比，面積の比，体積の比について，しっかり理解しよう。
面積の比や体積の比は，相似比から求めるから，図形の面積や体積を求めるときは，相似比に
着目して考えよう。

定期テスト
予報

5 右の図は，Sさんがビルの高さを求めようとしている図です。高さ DH を求めるためには，どこを測り，測った値を用いてどのようにすればよいですか。図中の A，B，C，D，H の文字を用いて説明しなさい。

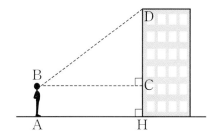

6 右の図のように，幅20mの道路をはさんで，A ビルと B ビルが平行に建っています。1mの棒の影の長さが4mのとき，B ビルの影が36mでした。このとき，B ビルの屋上には，A ビルの影が4m映っていました。A ビルの高さを求めなさい。

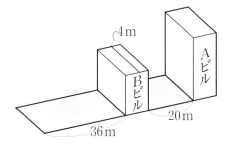

7 右の図の入れものは高さが24cmで，容積が8Lである円錐の形を逆さにしたものです。このとき，次の(1)，(2)に答えなさい。

□(1) 高さ6cmまで水を入れたとき，水は何Lか求めなさい。

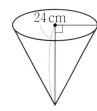

□(2) 水を満杯になるまで入れ，半分の深さになるまで水を出しました。出した水の体積と，残りの水の体積の比を求めなさい。

ヒント 6 直接高さや長さを測ることができない場合は，縮図をかいて考えます。
7 (2)まず，高さ24cmの容積と高さ12cmの容積の比を考えます。

解答▶▶ p.32　99

5章

教科書
162〜170ページ

時間30分　／100点　合格70点

① 右の図で，∠ABC = ∠ACD
とするとき，次の(1)〜(3)に答え
なさい。知

(1) 相似な三角形を，記号∽
を使って表しなさい。ま
た，そのときに使った相似
条件を答えなさい。

(2) BD の長さを求めなさい。

(3) DC の長さを求めなさい。

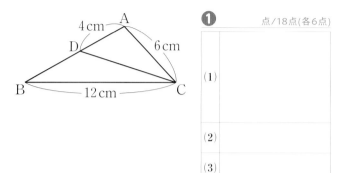

① 点/18点(各6点)

(1)	
(2)	
(3)	

② 次の図で，x の値を求めなさい。知

(1)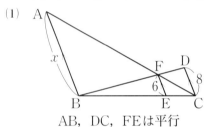

AB，DC，FE は平行

(2)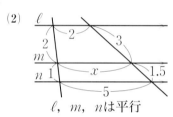

ℓ，m，n は平行

② 点/12点(各6点)

(1)	
(2)	

③ 右の図で，直線 p, q, r, s は平行
です。x, y の値を求めなさい。知

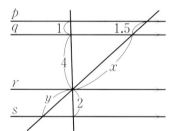

③ 点/12点(各6点)

x	
y	

④ 右の図で，点 D，E は辺 AB を 3 等分し
た点で，点 F は辺 BC の中点です。線
分 DC，EF，AF をひき，DC と AF の
交点を G とします。EF = 6cm のとき，
次の線分の長さを求めなさい。知

(1) 線分 DC

(2) 線分 GC

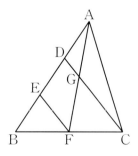

④ 点/16点(各8点)

(1)	
(2)	

成績評価の観点　知…数量や図形などについての知識・技能　考…数学的な思考・判断・表現

5 右の図で，
∠ABE＝∠CDE＝
∠AEC＝90°，
AB＝6cm，
CD＝3cm，
BE＝4cmです。
このとき，次の⑴，⑵に答えなさい。

⑴ △ABE∽△EDC を証明しなさい。 [考]

⑵ EDの長さを求めなさい。 [知]

6 右の図で，四角形ABCDは平行
四辺形です。AE：ED＝2：1，
BEの延長とCDの延長の交点を
F，ACとBFの交点をGとすると
き，次の⑴，⑵に答えなさい。 [考]

⑴ △FEDと△FBCの面積の
比を求めなさい。

⑵ △ABGの面積が64cm²のとき，△BCFの面積を求めなさい。

7 高さ15cmの円錐状の容器に水を320mL
入れたら，水の深さは12cmになりました。
この容器には，あと何mLの水が入れられ
るか求めなさい。 [知]

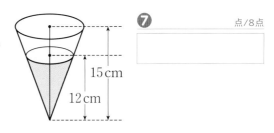

●相似な図形の性質

1 相似な図形では，対応する線分の比はすべて等しい。

2 相似な図形では，対応する角はそれぞれ等しい。

●相似比

相似な図形の対応する線分の比を，それらの図形の**相似比**という。

●相似の位置

相似な図形の対応する2点を通る直線がすべて1点Oで交わり，Oから対応する点までの距離の比がすべて等しいとき，それらの図形は**相似の位置**にあるといい，点Oを**相似の中心**という。

●三角形の相似条件

2つの三角形は，次のどれかが成り立つとき相似である。

1 3組の辺の比がすべて等しい。

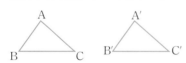

AB：A'B'＝BC：B'C'＝CA：C'A'

2 2組の辺の比が等しく，その間の角が等しい。

AB：A'B'＝BC：B'C'，∠B＝∠B'

3 2組の角がそれぞれ等しい。

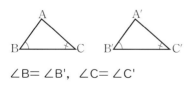

∠B＝∠B'，∠C＝∠C'

●三角形と比の定理

△ABC で，辺 AB，AC 上の点をそれぞれ D，E とする。
DE∥BC ならば，

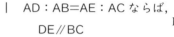

1 AD：AB＝AE：AC＝DE：BC

2 AD：DB＝AE：EC

●三角形と比の定理の逆

△ABC で，辺 AB，AC 上の点をそれぞれ D，E とする。

1 AD：AB＝AE：AC ならば，
　　DE∥BC

2 AD：DB＝AE：EC ならば，
　　DE∥BC

●平行線と線分の比

3つ以上の平行線に
2直線が交わるとき，
　$a:b=a':b'$

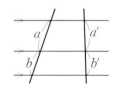

●中点連結定理

△ABC の辺 AB，AC の中点をそれぞれ M，N とするとき，

　MN∥BC，MN＝$\frac{1}{2}$BC

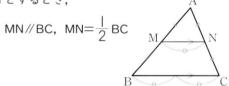

●相似な図形の面積の比

相似な図形では，相似比が $m:n$ のとき，
　面積の比は $m^2:n^2$

●相似な立体の表面積の比と体積の比

相似な立体では，相似比が $m:n$ のとき，
　表面積の比は $m^2:n^2$，体積の比は $m^3:n^3$

ぴたトレ
0
スタートアップ

6章　円

次の学習に
入る前に
取り組もう。

□ **三角形の内角・外角の性質**　　　　　　　　　　　　◀ 中学2年

1　三角形の3つの内角の和は180°です。

2　三角形の1つの外角は，それととなり合わない
　　2つの内角の和に等しくなります。

□ **円の接線の性質**　　　　　　　　　　　　　　　　　◀ 中学1年

円の接線は，その接点を通る半径に垂直です。

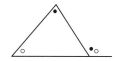

① 下の図で，∠x の大きさを求めなさい。　　　◀ 中学2年〈三角形の内
　　　　　　　　　　　　　　　　　　　　　　　　　　　角・外角〉

(1)　　　　　　　　　　　　(2)

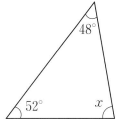
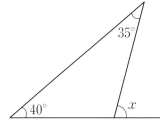

ヒント

三角形の内角の和は
180°だから……

(3)　　　　　　　　　　　　(4)

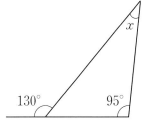
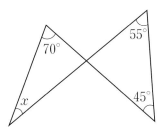

② 下の図で，同じ印をつけた辺の長さが等しいとき，∠x と∠y　◀ 中学2年〈二等辺三角
　　の大きさを，それぞれ求めなさい。　　　　　　　　　　　　　　形〉

(1)　　　　　　　　　　　　(2)

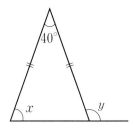
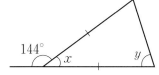

ヒント

二等辺三角形の2つ
の底角は等しいから
……

6章　円

1節　円周角の定理
① 　円周角の定理／② 　弧と円周角

●円周角の定理

教科書 p.178〜181

例題 **1**

次の図で，xの値を求めなさい。 ▶▶**1**

(1)

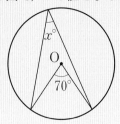

(2)

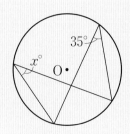

考え方 円周角の定理を使います。

(1) 1つの弧に対する円周角の大きさは，その弧に対する中心角の大きさの半分です。

(2) 1つの弧に対する円周角の大きさはすべて等しくなります。

プラスワン　円周角

円 O の $\overset{\frown}{AB}$ の両端の点 A，B と，$\overset{\frown}{AB}$ を除いた円周上の点 P を結んでできる∠APB を，$\overset{\frown}{AB}$ に対する円周角といいます。

答え (1) 中心角の大きさの半分だから，

$$x=\frac{1}{2}\times \boxed{①}=\boxed{②}$$

(2) 1つの弧に対する円周角の大きさは等しいから，$x=\boxed{③}$

●弧と円周角

教科書 p.182〜183

例題 **2**

右の図で，$\overset{\frown}{AB}=\overset{\frown}{CD}$です。このとき，AD∥BCであることを証明しなさい。 ▶▶**2**

考え方 等しい弧に対する円周角は等しいことから考えます。

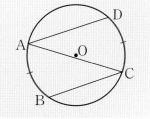

証明 $\overset{\frown}{AB}=\overset{\frown}{CD}$ より，

∠ACB＝∠$\boxed{①}$

$\boxed{②}$ が等しいから，AD∥BC

錯角，同位角のどちらかが等しいことを示せば，平行がいえます。

プラスワン　弧と円周角

1つの円で，

1 円周角の大きさが等しいならば，それに対する弧の長さは等しい。

2 弧の長さが等しいならば，それに対する円周角の大きさは等しい。

【円周角の定理】次の図で，x の値を求めなさい。

1 【円周角の定理】次の図で，x の値を求めなさい。

教科書 p.180例2, たしかめ1,
p.181Q2, 3

□(1)

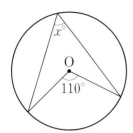

□(2)

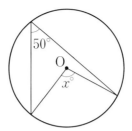

● キーポイント
(6) 半円の弧に対する
　円周角は直角です。

□(3)

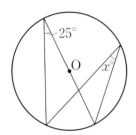

□(4)

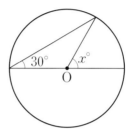

□(5)

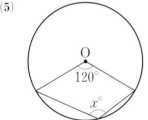

□(6)

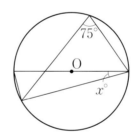

2 【弧と円周角】次の図で，x の値を求めなさい。

教科書 p.183Q1,
例2, Q2

□(1)

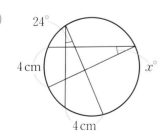

□(2)

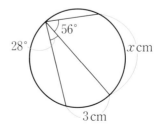

● キーポイント
1つの円で，弧の長さ
は，それに対する円周
角の大きさに比例しま
す。

例題の答え **1** ①70　②35　③35　**2** ①CAD　②錯角

解答▶▶ p.35　105

6章　円

1節　円周角の定理
③　円周角の定理の逆

●円周角の定理の逆

教科書 p.184～185

例題 1 次の⑦，④の図で，4点 A，B，C，D が1つの円周上にあるか確かめなさい。 ▶▶**1**

⑦　A　50°　D
B　40°　C

④　A　55°　D　65°
B　55°　45°　C

考え方 円周角の定理の逆を使って確かめます。

答え ⑦　$\angle \mathrm{ADB} = 180° - \left(90° + \boxed{①}°\right)$ ←三角形の内角の和は $180°$

$= \boxed{②}°$

だから，$\angle \mathrm{ADB} = \angle \boxed{③}$

したがって，4点 A，B，C，D が1つの円周上にある。

④　$\angle \mathrm{BAC} = 55°$，$\angle \mathrm{BDC} = \boxed{④}°$ だから，

4点 A，B，C，D は1つの円周上にない。

④では，3点 A，B，C が1つの円周上にあるとき，点 D はその円の内部にあります。

プラスワン　円周角の定理の逆

2点 P，Q が直線 AB の同じ側にあって，
$\angle \mathrm{APB} = \angle \mathrm{AQB}$
ならば，この4点 A，B，P，Q は，1つの円周上にあります。

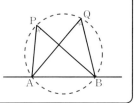

例題 2 右の図の四角形 ABCD で，どの角とどの角の大きさが等しいとき，4点 A，B，C，D は1つの円周上にあるといえますか。 ▶▶**2**

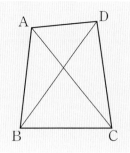

考え方 線分について，同じ側にある2つの角に着目します。

答え 円周角の定理の逆により，次のいずれかのときである。

$\angle \mathrm{ADB} = \angle \mathrm{ACB}$　　$\angle \mathrm{BAC} = \angle \boxed{①}$

$\angle \mathrm{CAD} = \angle \mathrm{CBD}$　　$\angle \mathrm{ABD} = \angle \boxed{②}$

1 【円周角の定理の逆】次の⑦〜⊑のうち，4点A，B，C，Dが1つの円周上にあるものを
すべて答えなさい。
教科書 p.185 Q1

⑦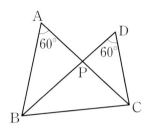

⑦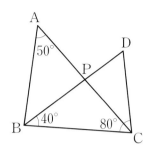

⑨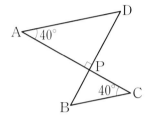

⊑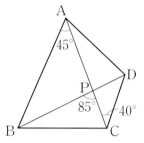

2 【円周角の定理の逆】右の図の四角形ABCDで，対角線AC
とBDの交点をEとします。このとき，次の⑴〜⑶に答えな
さい。
教科書 p.185 Q2

□⑴ ∠ACBの大きさを求めなさい。

□⑵ ∠ACDの大きさを求めなさい。

□⑶ ∠DACの大きさを求めなさい。

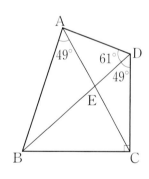

●キーポイント
∠BAC＝∠BDCだか
ら，4点A，B，C，D
は1つの円周上にある
ことがわかります。

例題の答え **1** ①50 ②40 ③ACB ④65 **2** ①BDC ②ACD

●円の接線

教科書 p.187～189

 例題 1 円Oの外部の点Aから，円Oにひく接線AB，ACを作図しなさい。　▶▶ **1** **2**

考え方 点B，Cは接点だから，∠ABO＝∠ACO＝90°となります。このことより，点B，CはAOを直径とする円周上にあることがわかります。

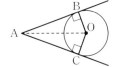

答え 〈作図の手順〉

❶ 2点A，Oを結ぶ。

❷ 線分AOの [①　　　　　　] をひき，AOの中点Mを求める。

❸ [②　　　　] を中心とする半径 [③　　　] の円をかき，円Oとの交点をそれぞれB，Cとする。

❹ AとB，AとCを結ぶ。

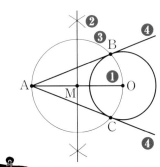

円の接線の性質を思い出しましょう。

●円周角の定理の利用

教科書 p.190

例題 2 右の図のように，円Oに2つの弦AB，CDをひき，その交点をPとします。このとき，△APC∽△DPBであることを証明しなさい。　▶▶ **3**

考え方 円周角の定理を使って，等しい角を見つけます。

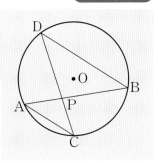

証明 △APCと△DPBで，

対頂角は等しいから，

∠APC＝∠DPB　　……⑦

BC に対する円周角だから，

∠CAP＝∠ [①　　　　] ⋯⑦

⑦，⑦から，[②　　　　　　] がそれぞれ等しいので，

△APC∽△DPB

1 【円の性質の利用】三角定規だけを使って，下の円の中心Oを求めなさい。

教科書 p.187 Q1

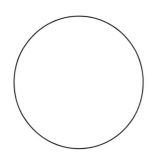

●キーポイント
半円の弧に対する円周角が90°であることを使って，直径を求めます。

2 【円の接線】右の図で，直線PA，PBはそれぞれ点A，Bを接点とする円Oの接線です。このとき，PA＝PBであることを証明しなさい。

教科書 p.189 Q1

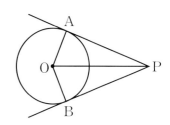

●キーポイント
円の接線とその円の半径は垂直に交わります。

3 【円周角の定理の利用】右の図のように，円Oに2つの弦AD，BCをひき，それぞれ延長した直線の交点をEとします。△ABCがAB＝ACの二等辺三角形のとき，次の(1)，(2)に答えなさい。

教科書 p.190 Q1

(1) △ADB∽△ABEであることを証明しなさい。

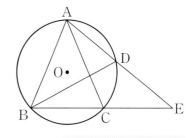

●キーポイント
(2) (1)を使って，ADの長さを求めます。DE＝AE－ADから，DEの長さを求めます。

(2) AB＝9cm，AE＝13.5cmのとき，DEの長さを求めなさい。

6章

教科書187〜190ページ

例題の答え **1** ①垂直二等分線 ②M ③MA(MO) **2** ①BDP ②2組の角

❶ 右の図で，∠AOB ＝ 2∠APB となることを証明しなさい。

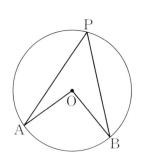

❷ 右の図で，次の⑴〜⑷の条件にあてはまる角をすべて答えなさい。

☐⑴　∠e の半分の大きさの角

☐⑵　∠f と等しい角

☐⑶　∠b より∠g の大きさだけ小さい角

☐⑷　∠a 〜∠g の中で，2番目に大きい角

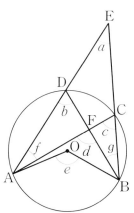

❸ 次の図で，x，y の値を求めなさい。

☐⑴

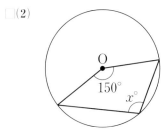

☐⑵

☐⑶

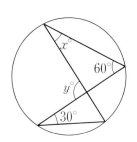

☐⑷

☐⑸

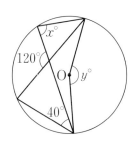

☐⑹

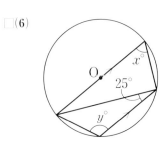

ヒント　❶ 直線POをひき，円周との交点をQとします。
　　　　❸ 同じ弧に対する円周角と中心角の比は1：2です。

●円周角と中心角の関係は，しっかりと理解しておこう。
円周角の定理だけでなく，三角形の内角の和は180°であることや，三角形の内角と外角の関係を使うことも多いよ。円周角が等しいとき，弧の長さが等しくなることも理解しておこう。

4 次の図で，x の値を求めなさい。

□(1)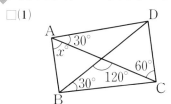

□(2)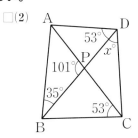

□(3)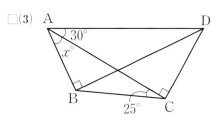

5 次の作図をしなさい。

□(1) 点Aを通る円Oの接線

□(2) 3点A，B，Cが円周上にある円O

•A

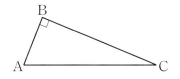

6 右の図のように，点Oを中心とする円Oの円周上に，4点 A，B，C，D があり，線分ACと線分BDの交点を点Eとします。線分BDは，円Oの直径であり，点Fは点Eから線分CDに垂線をひいたときの交点です。次の(1)，(2)に答えなさい。

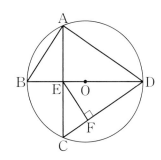

□(1) △ABD∽△FCE となることを証明しなさい。

□(2) $\overparen{AB}:\overparen{AD}=1:2$ であるとき，∠CEFの大きさを求めなさい。

6章

教科書178〜190ページ

ヒント 5 垂直二等分線の作図を利用します。
6 三角形の相似条件の「2組の角がそれぞれ等しい」を用います。

6章　円

時間30分　／100点　合格70点

❶ 次の図で，*x* の値を求めなさい。知

(1)
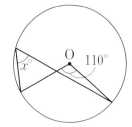

(2)
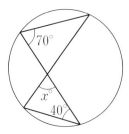

(3)
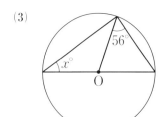

(4)
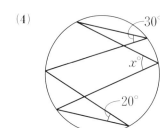

(5)
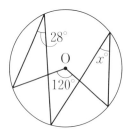

(6)
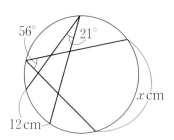

❶ 点/36点(各6点)

(1)	
(2)	
(3)	
(4)	
(5)	
(6)	

❷ 右の図で，AB は円 O の直径，OD は∠ BOC の二等分線です。
次の(1)，(2)に答えなさい。考

(1)　OD∥AC となることを証明しなさい。

(2)　OB の長さが 4cm，∠ BAC = 50°
のとき，$\overparen{BC}$ の長さを求めなさい。

❷ 点/14点(各7点)

(1)	
(2)	

　成績評価の観点　知…数量や図形などについての知識・技能　考…数学的な思考・判断・表現

3 右の円Oで，AB，CDは直径，点E，Fは$\overset{\frown}{BC}$を3等分した点，∠CDE＝25°です。次の(1)～(3)に答えなさい。知

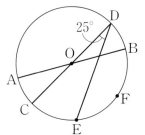

(1) ∠ABEの大きさを求めなさい。

(2) $\overset{\frown}{CE}$＝15cmのとき，$\overset{\frown}{AC}$の長さを求めなさい。

(3) ∠DEBの大きさを求めなさい。

③ 点/15点(各5点)

(1)	
(2)	
(3)	

4 右の図のように長方形ABCDを，対角線ACを折り目にして折り，点Bの移った点をB′とします。次の(1)，(2)に答えなさい。考

(1) 4点A，C，D，B′は1つの円周上にあることを証明しなさい。

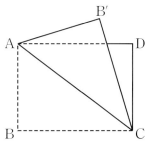

(2) 4点A，C，D，B′を通る円を，上の図に作図しなさい。

④ 点/14点(各7点)

(1)	
(2) 左の図にかき入れる。	

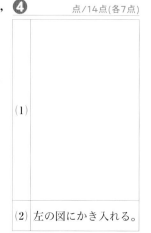

5 右の図のように，円Oの周上にある線分AB，CDを延長した交点をEとし，BとD，AとCを直線で結びます。次の(1)～(3)に答えなさい。

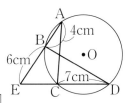

(1) △ACEと相似な図形はどれですか。知

(2) (1)を証明しなさい。考

(3) CEの長さを求めなさい。知

⑤ 点/21点(各7点)

(1)	
(2)	
(3)	

教科書のまとめ 〈6章 円〉

●円周角

円 O の $\overset{\frown}{AB}$ の両端の点 A，B と，$\overset{\frown}{AB}$ を除いた円周上の点 P を結んでできる ∠APB を，$\overset{\frown}{AB}$ に対する**円周角**という。

このとき，$\overset{\frown}{AB}$ を∠APB に対する**弧**という。

●円周角の定理

1 1つの弧に対する円周角の大きさは，その弧に対する中心角の大きさの半分である。

2 1つの弧に対する円周角の大きさは等しい。

●円周角の定理の特別な場合

半円の弧に対する円周角は直角である。

●弧と円周角

・1つの円で，
1 円周角の大きさが等しいならば，それに対する弧の長さは等しい。
2 弧の長さが等しいならば，それに対する円周角の大きさは等しい。

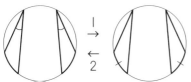

・1つの円で，弧の長さは，それに対する円周角の大きさに比例する。

●円周角の定理の逆

・2点 P，Q が直線 AB の同じ側にあって，∠APB＝∠AQB ならば，4点 A，B，P，Q は1つの円周上にある。

・∠APB＝90°のとき，点 P は AB を直径とする円周上にある。

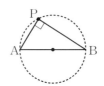

●円の接線の作図

❶ 線分 AO の垂直二等分線をひき，AO の中点 M をとる。
❷ M を中心とする半径MA(MO)の円をかき，円 O との交点をそれぞれ B，C とする。
❸ A と B，A と C を結ぶ。

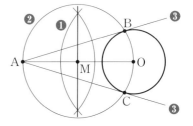

●円の接線の長さ

円外の1点からその円にひいた2つの接線の長さは等しい。

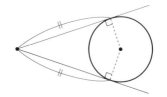

7章　三平方の定理

次の学習に
入る前に
取り組もう。

□ **二等辺三角形の頂角の二等分線** ◀ 中学2年

二等辺三角形の頂角の二等分線は，底辺を垂直に
二等分します。

□ ^{かくすい}**角錐，円錐の体積** ◀ 中学1年

角錐の体積は，底面積を S，高さを h，体積を V とすると，$V = \dfrac{1}{3} Sh$

円錐の体積は，底面の半径を r とすると，$V = \dfrac{1}{3} \pi r^2 h$

① 色をつけた部分の正方形の面積を求めなさい。　◀ 小学5年〈面積〉

(1)

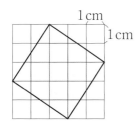

(2)

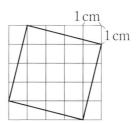

ヒント

全体の正方形から，
周りの直角三角形を
ひくと……

② 次の2次方程式を解きなさい。　◀ 中学3年〈2次方程式〉

(1) $x^2 = 9$ 　　　(2) $x^2 = 13$

(3) $x^2 = 17$ 　　　(4) $x^2 = 32$

ヒント

平方根の考えを使っ
て x の^{あたい}値を求める
と……

③ 次の立体の体積を求めなさい。　◀ 中学1年〈角錐，円錐
の体積〉

(1)

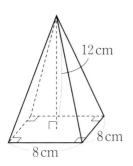

12 cm

8 cm

8 cm

(2)

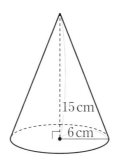

15 cm

6 cm

ヒント

底面積を求めて……

7
章

1節　三平方の定理
① 三平方の定理とその証明／② 直角三角形の辺の長さ／③ 三平方の定理の逆

● 三平方の定理

教科書 p.198〜201

例題 1 次の直角三角形で，x の値を求めなさい。 ▶▶ **1 3**

(1)

x cm
5 cm
10 cm

(2)

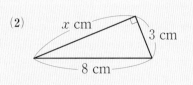
x cm
3 cm
8 cm

考え方 三平方の定理を使って，x についての方程式をつくります。

答え (1) 直角三角形だから，三平方の定理を使うと，

$$10^2 + \boxed{}^{(1)}{}^2 = x^2$$

$$x^2 = 125$$

$x > 0$ であるから，$x = \boxed{}^{(2)}$

(2) 直角三角形だから，三平方の定理を使うと，

$$x^2 + \boxed{}^{(3)}{}^2 = 8^2$$

$$x^2 = 55$$

$x > 0$ であるから，$x = \boxed{}^{(4)}$

プラスワン　**三平方の定理**

直角三角形の直角をはさむ 2 辺の長さを a，b，斜辺の長さを c とすると，次の関係が成り立ちます。

$$a^2 + b^2 = c^2$$

A
c
b
B a C

直角三角形のどの辺が斜辺か，しっかりと見きわめましょう。

● 三平方の定理の逆

教科書 p.202〜203

例題 2 3辺の長さが次のような三角形は，直角三角形といえるかどうかを調べなさい。 ▶▶ **2 3**

(1) 6cm，8cm，10cm

(2) 5cm，9cm，10cm

考え方 三角形の3辺のうち，最も長い辺を c，残りの2辺を a，b として，$a^2 + b^2 = c^2$ が成り立つかどうかを調べます。

答え (1) $a = 6$，$b = 8$，$c = \boxed{}^{(1)}$
とすると，

$$a^2 + b^2 = \boxed{}^{(2)}$$
$$c^2 = 100$$

したがって，$a^2 + b^2 = c^2$ が成り立つ。

答　いえる。

(2) $a = 5$，$b = \boxed{}^{(3)}$，$c = 10$
とすると，

$$a^2 + b^2 = \boxed{}^{(4)}$$
$$c^2 = 100$$

したがって，$a^2 + b^2 = c^2$ が成り立たない。

答　いえない。

1 【三平方の定理】次の直角三角形で，x の値を求めなさい。

教科書 p.200 例題1，
たしかめ1，p.201　Q1

□(1)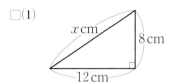

□(2)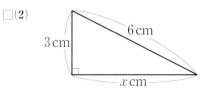

2 【三平方の定理の逆】3辺の長さが次のような三角形は，直角三角形といえるかどうかを調べなさい。

教科書 p.203 例2, Q1

□(1)　5 cm，12 cm，13 cm

□(2)　8 cm，24 cm，25 cm

□(3)　$\sqrt{2}$ cm，2 cm，2 cm

□(4)　2 cm，4 cm，$2\sqrt{5}$ cm

3 【三平方の定理，三平方の定理の逆】右の図について，次の(1)，(2)に答えなさい。ただし，方眼の1めもりは1cmとします。

教科書 p.201 Q1，
p.203 例2

□(1)　㋐，㋑の三角形の辺の長さを，すべて求めなさい。

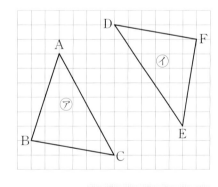

□(2)　㋐，㋑の三角形は，それぞれ直角三角形といえますか。

●キーポイント
(1)　ABの長さを求めるときは，ABが斜辺である直角三角形を考えます。

例題の答え **1** ①5　②5√5　③3　④√55　**2** ①10　②100　③9　④106

2節　三平方の定理と図形の計量
①　平面図形の計量／②　座標平面上の点と距離

●平面図形の計量

教科書 p.204～206

 例題 1　縦が4cm，横が6cmの長方形の対角線の長さを求めなさい。　▶▶**1**

考え方　対角線を斜辺とする直角三角形で，三平方の定理を使います。

答え　対角線の長さを$x$cmとすると，三平方の定理から，

$$x^2 = 4^2 + \boxed{}^{(1)\,2} = \boxed{}^{(2)}$$

$x > 0$であるから，$x = \boxed{}^{(3)}$

答　$\boxed{}^{(3)}$ cm

 例題 2　1辺が4cmの正三角形ABCの面積を求めなさい。　▶▶**2** **3**

考え方　右の図のように，頂点Aから辺BCに垂線AHをひいて直角三角形をつくります。

答え　右の図で，頂点Aから辺BCに垂線AHをひくと，Hは辺BCの中点になるから，BH＝2cm

△ABHは∠AHB＝90°の直角三角形だから，AH＝$h$cmとすると，三平方の定理から，

$$2^2 + h^2 = \boxed{}^{(1)\,2}$$

$$h^2 = 12$$

$h > 0$であるから，$h = \boxed{}^{(2)}$

したがって，正三角形の面積は，

$$\frac{1}{2} \times 4 \times \boxed{}^{(2)} = 4\sqrt{3}$$

答　$4\sqrt{3}$ cm²

プラスワン　特別な三角形の辺の比

三角定規の3辺の比は，下の図のようになります。

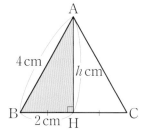

$1:1:\sqrt{2}$　　$1:2:\sqrt{3}$

●座標平面上の2点間の距離

教科書 p.207

 例題 3　2点A$(-3, -1)$，B$(1, 2)$の間の距離を求めなさい。　▶▶**4**

考え方　右の図のような直角三角形ABCをつくって考えます。

答え　$AC = 1 - (-3) = 4$　　$BC = 2 - (-1) = \boxed{}^{(1)}$

三平方の定理から，$AB^2 = 4^2 + 3^2 = 25$

$AB > 0$であるから，$AB = \boxed{}^{(2)}$

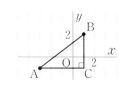

1 【対角線の長さ】次の正方形や長方形の対角線の長さを求めなさい。

教科書 p.204 例 1, Q1

☐(1)　1辺が2cmの正方形　　　☐(2)　縦が3cm，横が2cmの
　　　　　　　　　　　　　　　　　　　長方形

2 【三角形の高さと面積】1辺が2cmの正三角形の高さと面積をそれぞれ求めなさい。

☐

教科書 p.204 Q2

3 【円の弦の長さ】半径が15cmの円Oで，中心からの距離が9cmである弦ABの長さを求

☐　めます。次の　　　にあてはまる数を書きなさい。

教科書 p.206 活動 4

右の図のように，中心Oから弦AB
に垂線OHをひく。
△OAHは∠OHA＝90°の直角三角
形なので，AH＝$x$cmとすると，三
平方の定理から，

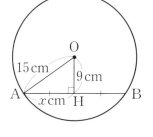

●キーポイント
中心Oから弦ABに垂
線OHをひくと，Hは
弦ABの中点になりま
す。だから，ABの長
さはAHの2倍になり
ます。

$$x^2 + \boxed{①}^2 = 15^2$$

$$x^2 = 144$$

$x > 0$であるから，$x = \boxed{②}$

したがって，AB＝$2 \times \boxed{②} = \boxed{③}$

答　$\boxed{③}$cm

4 【2点間の距離】2点A(-2, 3)，B(5, 1)の間の距離を求めなさい。

☐

教科書 p.207 活動 1, Q1

7章

例題の答え **1** ①6　②52　③$2\sqrt{13}$　**2** ①4　②$2\sqrt{3}$　**3** ①3　②5

●空間図形の計量　　　　　　　　　　　　　　　教科書 p.208〜209

□ | 例題 **1** | 縦，横，高さがそれぞれ4cm，5cm，3cmの直方体の対角線の長さを求めなさい。

▶▶**1 2**

考え方　右の図のBHを斜辺とする直角三角形に着目します。

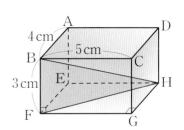

答え　△BFHは∠BFH＝90°の直角三角形だから，

$$BH^2 = 3^2 + FH^2 \qquad \cdots\cdots ⑦$$

また，△FGHは，∠FGH＝90°の直角三角形だから，

$$FH^2 = \boxed{^{①}}^2 + 4^2 \qquad \cdots\cdots ④$$

⑦，④から，$BH^2 = 3^2 + \left(\boxed{^{①}}^2 + 4^2\right) = \boxed{^{②}}$

$BH > 0$ であるから，$BH = \boxed{^{③}}$

答 $\boxed{^{③}}$ cm

●三平方の定理の利用　　　　　　　　　　　　　教科書 p.211〜213

□ | 例題 **2** | 右の図のように，高さ8mの木の先端からテントのあしにロープを結びます。ロープの長さは何m必要ですか。小数第2位を切り上げて求めなさい。ただし，結ぶ長さは考えないものとします。

▶▶**3**

考え方　まず，△CDEを利用してCDを求めます。
次に，下の図のように△ABD′を利用してABを求めます。

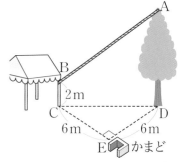

答え　△CDEにおいて，

$$6^2 + 6^2 = CD^2$$

△ABD′において，$BD'^2 + AD'^2 = AB^2$

$BD' = CD$ なので，

$$\left(6^2 + \boxed{^{①}}^2\right) + \left(8 - \boxed{^{②}}\right)^2 = AB^2$$

したがって，$AB^2 = \boxed{^{③}}$

$AB = \boxed{^{④}}$ m

$\sqrt{3} = 1.732\cdots$ だから，$AB = 10.392\cdots$ (m)

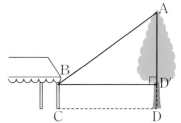

答　およそ $\boxed{^{⑤}}$ m

1 【立体の対角線の長さ】次の立体の対角線の長さを求めなさい。 教科書 p.208

□(1) 縦，横，高さがそれぞれ 3 cm，12 cm，4 cm の直方体

□(2) 1辺が 3 cm の立方体

2 【立体の体積と表面積】正四角錐 OABCD があります。底面 ABCD は1辺の長さが 12 cm の正方形で，ほかの辺の長さがすべて 24 cm であるとき，次の(1)～(3)に答えなさい。

教科書 p.209 活動 2, Q4

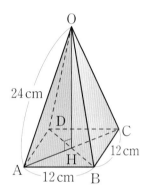

□(1) 正四角錐 OABCD の高さを求めなさい。

□(2) 正四角錐 OABCD の体積を求めなさい。

□(3) 正四角錐 OABCD の表面積を求めなさい。

●キーポイント
(1) △OAH が直角三角形であることから，OH の長さを求めます。
(3) 正四角錐の側面は二等辺三角形です。

3 【図形の面積】次の図形の面積を求めなさい。 教科書 p.213

□(1)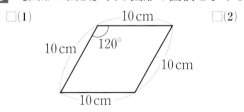

□(2)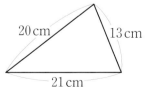

●キーポイント
図形のなかに直角三角形を見つけ，面積を求めるのに必要な辺の長さを求めます。

7章

教科書208～213ページ

例題の答え **1** ①5 ②50 ③5√2 **2** ①6 ②2 ③108 ④6√3 ⑤10.4

解答▶▶ p.39 121

よく出る 1 次の直角三角形で，x の値(あたい)を求めなさい。

□(1)
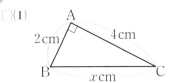

□(2)
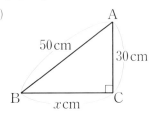

□(3)
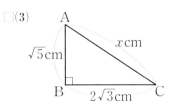

2 次の図で，x の値を求めなさい。

□(1)
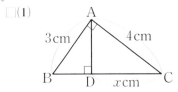

□(2)
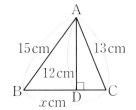

□(3)
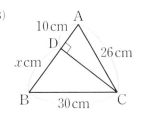

3 2辺の長さが2cm，$\sqrt{5}$ cm である直角三角形は2通りあります。それぞれの三角形で，
□ 残りの辺の長さを求めなさい。

よく出る 4 3辺の長さが次のような三角形は，正三角形，二等辺三角形，直角三角形，直角二等辺三角形のうちどれになりますか。

□(1) 4cm，4cm，5cm

□(2) $2\sqrt{3}$ cm，$\sqrt{12}$ cm，$2\sqrt{3}$ cm

□(3) 3cm，3cm，$3\sqrt{2}$ cm

□(4) $\sqrt{2}$ cm，$\sqrt{3}$ cm，$\sqrt{5}$ cm

ヒント

　2 (1)BCの長さを求めてから，△ADCと相似な三角形をさがします。
　3 残りの辺が斜辺のときと，$\sqrt{5}$ cmが斜辺のときの2通りになります。

5 右の図で，四角形 ABCD はひし形で，点 A，B の座標
□ がそれぞれ，A(0, 3)，B(−2, 0)のとき，点 D の座標を求めなさい。

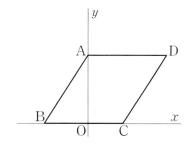

6 高さ 50 m の鉄塔があります。この鉄塔を見ることができる
□ のは，鉄塔の先端から何 km 離れたところまでですか。ただし，地球の半径を 6378 km とし，小数第 2 位を四捨五入して求めなさい。

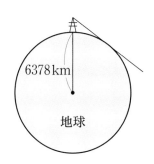

6378 km

地球

7 右の図のように，底面の半径が 3 cm，母線が 9 cm の円錐があります。このとき，次の(1)〜(3)に答えなさい。

□(1) 円錐の高さを求めなさい。

□(2) 展開図のおうぎ形の中心角の大きさを求めなさい。

□(3) 底面の円周上の点 A から，円錐の側面を 1 周して点 A まで最短の長さになるようにひもをかけるとき，このひもの長さを求めなさい。

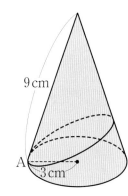

9 cm

A

3 cm

7章
教科書
198〜213ページ

ヒント **5** 各点の座標をかきこんでみます。x軸，y軸に平行な辺は，座標から長さを求められます。
辺ABの長さを求めるときに，$a^2+b^2=c^2$を使います。

時間30分 ／100点　合格70点

① 次の図で，x の値を求めなさい。知

(1)

(2)
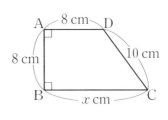

(3)
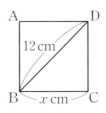

(4)

（四角形ABCDは正方形）

① 点/20点(各5点)

(1)	
(2)	
(3)	
(4)	

② 3辺の長さが次のような三角形は，どんな三角形になりますか。あとの㋐〜㋓から1つずつ選び，記号で答えなさい。知

(1) 5, 5, $5\sqrt{2}$

(2) 2, 4, $2\sqrt{3}$

(3) 8, 8, 10

(4) $7\sqrt{2}$, $7\sqrt{2}$, $7\sqrt{2}$

㋐ 直角三角形　　㋑ 直角二等辺三角形
㋒ 二等辺三角形　㋓ 正三角形

② 点/24点(各6点)

(1)	
(2)	
(3)	
(4)	

③ 右の図の△ABC について，次の(1)，(2)に答えなさい。考

(1) BC を底辺としたときの高さを求めなさい。

(2) △ABC の面積を求めなさい。

③ 点/12点(各6点)

| (1) | |
| (2) | |

④ AD∥BC である台形 ABCD に，右の図のように，点 P, Q, R, S で円 O が内接しています。PD = 2cm，RC = 4cm のとき，円 O の半径を求めなさい。考

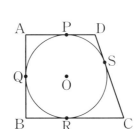

④ 点/6点

| | |

成績評価の観点　知…数量や図形などについての知識・技能　考…数学的な思考・判断・表現

⑤ 3点の座標が A $(-4,\ -1)$，B $(2,\ -4)$，C $(5,\ 2)$ であるような △ABC は，どのような三角形か調べなさい。 考

⑥ 右の図のような，各辺の長さがすべて **4cm** の正四角錐があり，点 **F** は辺 **BC** の中点です。このとき，次の(1)〜(3)に答えなさい。 考

(1) 線分 AF の長さを求めなさい。

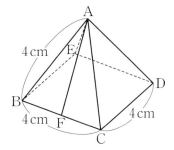

(1)	
(2)	
(3)	

(2) 立体の表面積を求めなさい。

(3) 立体の体積を求めなさい。

⑦ 右のような直方体で，A から辺 BF，CG を通って H までを，長さが最短になるようにひもをかけます。このとき，ひもの長さを求めなさい。 考

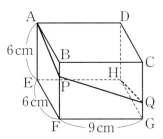

⑧ 右の図のように，半径 12cm の球 O を，中心 O から 6cm の距離にある平面で切ります。このとき，切り口の面積を求めなさい。 考

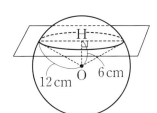

知	/44点	考	/56点

● 三平方の定理

直角三角形の直角をはさ
む2辺の長さを a, b,
斜辺の長さを c とすると，
$$a^2+b^2=c^2$$

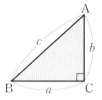

● 三平方の定理の逆

3辺の長さが a, b, c の
三角形で，$a^2+b^2=c^2$ な
らば，その三角形は長さ
c の辺を斜辺とする直角
三角形である。

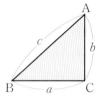

● 正方形の対角線の長さ

1辺が2cmの正方形の対角線の長さを x cm
とすると，
$$x^2=2^2+2^2$$
$$=8$$
$$x=2\sqrt{2}$$

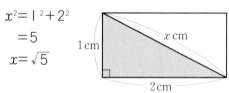

● 長方形の対角線の長さ

縦が1cm，横が2cmの長方形の対角線の
長さを x cm とすると，
$$x^2=1^2+2^2$$
$$=5$$
$$x=\sqrt{5}$$

● 特別な三角形の辺の比

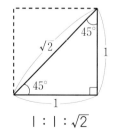

$$1:1:\sqrt{2}$$

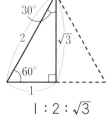

$$1:2:\sqrt{3}$$

● 円の弦の長さ

中心 O から弦 AB に
垂線 OH をひくと，
H は弦 AB の中点に
なる。△OAH は
∠OHA＝90°の直角三角形だから，三平方
の定理を使って，AH の長さを求められる。

● 座標平面上の2点間の距離

2点 A，B を結ぶ線
分 AB を斜辺とし，
座標軸に平行な2つ
の辺 AC と辺 BC を
もつ直角三角形をつ
くると，△ABC は，
∠C＝90°の直角三角形だから，三平方の定
理を使って，2点間の距離 AB の長さを求め
られる。

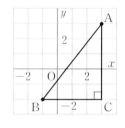

● 直方体の対角線の長さ

3辺の長さが a, b,
c の直方体の対角線
AG の長さは，
$$AG^2=a^2+b^2+c^2$$
したがって，
$$AG=\sqrt{a^2+b^2+c^2}$$

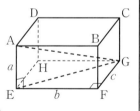

● 円錐の高さ

底面の半径が3cm，
母線の長さが5cmの
円錐の高さを h cm と
すると，
$$3^2+h^2=5^2$$
$$h^2=16$$
$$h>0 \text{ より}$$
$$h=4$$

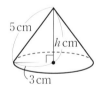

ぴたトレ
0
スタートアップ

8章　標本調査

次の学習に
入る前に
取り組もう。

□割合　　　　　　　　　　　　　　　　　　　　　◀ 小学5年

ある量をもとにして，くらべる量がもとにする量の何倍にあたるかを表した数を，割合
といいます。

割合＝くらべる量÷もとにする量
くらべる量＝もとにする量×割合
もとにする量＝くらべる量÷割合

① ペットボトルのキャップを投げると，表，横，裏のいずれかにな　◀ 中学1年〈確率〉
ります。下の表は，それぞれの起こりやすさを実験した結果をま
とめたものです。

回数	200	400	600	800	1000
表	53	109	166	210	265
横	20	51	85	107	133
裏	127	240	349	483	602

(1) 表になる確率を小数第3位を四捨五入して求めなさい。

ヒント

1000回の実験結
果から，相対度数を
求めて……

(2) 裏になる確率を小数第3位を四捨五入して求めなさい。

② ある中学校の中庭全体の面積は 600m² で，そのうち花壇の面積　◀ 小学5年〈割合〉
が 240m² です。

(1) 花壇の面積は，中庭全体の面積の何倍ですか。

(2) 中庭全体の面積は，花壇の面積の何倍ですか。

8
章

③ 定価2800円の品物を，3割引きで買ったときの代金を求めなさい。◀ 小学5年〈割合〉

ヒント

(10-3)割と考え
ると……

8章　標本調査
1節　標本調査
① 調査のしかた／② 標本の取り出し方／③ 母集団の平均値の推定

●標本調査

教科書 p.220〜225

例題 1 次の調査は，全数調査と標本調査のどちらが適していますか。 ▶▶**1**

(1) 3年1組のボランティアへの参加状況の調査

(2) 新聞社で行う世論調査

考え方 ある集団全体の性質を正確に知るために，その集団全部について調べる必要がある
ときは全数調査が適しています。一方で，調査の内容や目的によって，全数調査が適
さない場合は，標本調査とします。

答え (1) 3年1組全員について，状況を調べる必要があるから，$\boxed{^{(1)}}$ 調査。

(2) 全体のおよそのようすを知ることができれば十分であるから，$\boxed{^{(2)}}$ 調査。

プラスワン **標本調査**

対象とする集団の一部分を調べて，その結果からもとの集団全体の性質を推定
する調査を**標本調査**といいます。
標本調査で，調査の対象となるもとの集団を**母集団**といい，調査のために母
集団から取り出された一部分を**標本**といいます。標本として取り出されたデー
タの個数を**標本の大きさ**といいます。

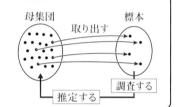

例題 2 箱の中にみかんが100個入っています。みかん1個の重さの平均を求めるために，
箱からみかん10個を無作為に抽出し，その重さを調べようと思います。 ▶▶**2〜4**

(1) 母集団を答えなさい。

(2) 標本と標本の大きさを答えなさい。

(3) みかん10個の重さは，右のようになりました。
みかん100個全体の平均の重さを推定しなさい。

100	101	103	97
95	105	99	100
96	94		

(g)

考え方 (3) 標本の平均値を求めます。

答え (1) 調査の対象となるもとの集団だから，箱の中のみかん $\boxed{^{(1)}}$ 個。

(2) 調査するために母集団から取り出した一部分だから，無作為に抽出したみかん

$\boxed{^{(2)}}$ 個。標本の大きさは $\boxed{^{(2)}}$ 。

(3) $\dfrac{100＋101＋103＋97＋95＋105＋99＋100＋96＋94}{10}$

$＝\boxed{^{(3)}}$ 答 $\boxed{^{(3)}}$ g

> 母集団から抽出した
> 標本の平均値を標本
> 平均といいます。

よく出る **1** 【全数調査と標本調査】次の調査は，全数調査と標本調査のどちらが適していますか。

教科書 p.221 たしかめ1，Q1

□(1) テレビの視聴率(しちょうりつ)調査

□(2) 国勢調査(こくせいちょうさ)

●キーポイント
国勢調査は，国内の人口や世帯の実態を正確に知るための調査です。

□(3) 全国の中学生の平均睡眠(すいみん)調査

□(4) あるクラスの出欠の調査

絶対理解 **2** 【母集団と標本】A県の中学3年生の1日の睡眠時間を調べるために，A県在住の23519人の中から200人を選び出して，標本調査を行いました。この調査の母集団と標本，標本の大きさを，それぞれ答えなさい。 教科書 p.221 Q2

3 【標本の取り出し方】1番から80番まで番号をつけた80人の生徒の中から20人の生徒を標本として無作為に抽出するための方法を1つ答えなさい。 教科書 p.222～223

4 【標本平均】ある中学校の3年生女子120人の体重の平均を推定するために，10人を無作為に抽出したところ，下のようになりました。標本平均を求めなさい。 教科書p.224活動1

抽出した番号	37	2	26	98	62	59	81	47	102	11
体重(kg)	46	51	54	49	45	58	49	62	48	43

8章 教科書220～225ページ

例題の答え **1** ①全数 ②標本 **2** ①100 ②10 ③99

解答▶▶ p.42

ぴたトレ
1
要点チェック

8章 標本調査
1節 標本調査
④ 母集団の数量の推定／2節 標本調査の利用
①／②

● 母集団の数量の推定

教科書 p.226〜230

例題1
ある池にいるコイの数を調べるために，池のいろいろな場所でコイを40匹捕まえ，そのすべてに目印をつけて，もとの池に戻しました。
しばらくたってから，再びコイを50匹捕まえたところ，目印のついたコイが10匹ふくまれていました。
この池にいるコイの数を推定しなさい。 ▶▶**1 3**

【考え方】 池全体のコイと，しばらくたってから捕まえたコイで，目印のついたコイの割合はおよそ等しいとみなすことができます。

【答え】 池にいるコイの数をおよそ x 匹とすると，

$$x : 40 = 50 : \boxed{①}$$

$$10x = 2000$$

$a : b = c : d$ ならば $ad = bc$

$$x = \boxed{②}$$

答 およそ $\boxed{②}$ 匹

母集団は池全体のコイの数，標本はしばらくたってから捕まえた50匹のコイです。

例題2
袋の中に，赤い球と青い球が合わせて120個入っています。この袋の中から30個の球を無作為に抽出したところ，赤い球が12個ふくまれていました。
袋の中に入っていた赤い球の個数を推定しなさい。 ▶▶**2**

【考え方】 抽出した赤い球の割合で，袋の中全体にふくまれる赤い球の割合を推定することができます。

【答え】 袋の中の赤い球の数を x 個とすると，

袋の中から無作為に抽出した球の個数は $\boxed{①}$ 個で，

その中にふくまれる赤い球は12個だから，

$$\boxed{①} : \boxed{②} = 120 : x$$

$$30x = 1440$$

$$x = \boxed{③}$$

標本を無作為に抽出しているときは，標本での数量の割合が母集団の数量の割合とおよそ等しいと考えてよいです。

答 およそ $\boxed{③}$ 個

絶対理解

1 **【母集団全体の数量の推定】**ある池の魚の数を調べるために，池のいろいろな場所で魚を100匹捕まえ，そのすべてに目印をつけて，もとの池に戻しました。
2週間後，再び魚を500匹捕まえたところ，目印のついた魚が6匹ふくまれていました。
このとき，次の(1)，(2)に答えなさい。 教科書 p.226 活動1

□(1) 母集団と標本，標本の大きさを，それぞれ答えなさい。

□(2) この池にいる魚の数を推定し，百の位までの概数(がいすう)で答えなさい。

●キーポイント
2週間後に捕まえたから，魚を無作為に抽出したものとみなすことができます。

2 **【母集団の数量の推定】**箱の中に560個のみかんがあります。この560個のみかんから，
□ 70個のみかんを無作為に抽出し，それらの重さを調べたところ，80g未満のみかんが16個ありました。この箱の中には，80g未満のみかんがおよそ何個入っていると推定できますか。 教科書 p.227 Q2

3 **【標本調査の利用】**160ページの本1冊に印字されている文字数を調べます。その手順に
□ ついて次のようにまとめました。□にあてはまることばを書きなさい。
教科書 p.228～229

❶ 印字されている総ページ数を確かめる。

❷ 乱数表，乱数さい，コンピュータなどを使って，10ページを選んで，これを ① とする。

❸ ❷で選んだ各ページにある文字数を数え， ② を求める。

❹ 文字数の ② × ③ を求めることにより，本1冊に印字されている文字数を推定できる。

例題の答え **1** ①10　②200　**2** ①30　②12　③48

8章
教科書226～230ページ

1 次の調査の中で，標本調査によって調査するのが適切なものはどれですか。3つ選んで，記号で答えなさい。

　　⑦　出版社などによる世論調査　　　　　④　あるクラスの数学のテストの平均点
　　⑨　A市の人口調査　　　　　　　　　　④　かんづめの品質調査
　　⑨　ある工場で作った蛍光灯(けいこうとう)の寿命(じゅみょう)調査

2 ある市で，中学3年生全員3872人を対象に，数学のテストを実施(じっし)し，その中から100人の成績を無作為(むさくい)に抽出(ちゅうしゅつ)して平均点を調べました。これについて，次の(1)〜(3)に答えなさい。

　(1)　母集団を答えなさい。

　(2)　標本と標本の大きさを答えなさい。

　(3)　標本の平均点が72.5点ならば，中学3年生全員の平均点は，何点と考えることができますか。

3 母集団から標本を取り出す方法として，正しいものには○を，まちがっているものには×をつけなさい。

　(1)　英語の教科書に使われている文字の文字数を調べるために，無作為に10ページを選んだ。

　(2)　ある学校で，生徒の通学時間を調べるために，ある地区の生徒の全員を調べた。

　(3)　ある学校で，人気のあるスポーツを調べるために，運動部の生徒から無作為に50人を選んだ。

ヒント　**2** (3)標本平均は，母集団の平均にほぼ等しくなります。
　　　　3 標本を取り出すときは，偏りがなく公平でなければいけません。

4 ある養殖場にいるマグロの数を推定するために，40匹捕まえて目印をつけて戻しました。2日後に同じ養殖場で32匹捕まえたら，その中に目印のついたマグロが6匹いました。養殖場にいるマグロの数を推定し，十の位までの概数で答えなさい。

5 袋の中に，白，黒の碁石がたくさん入っています。この袋の中から無作為に抽出して白と黒の個数を調べたところ，白い碁石は14個，黒い碁石は6個ありました。

(1) 全体に対する白い碁石の割合を推定しなさい。

(2) 碁石全体の数は240個であることがわかりました。この袋の中に入っている白い碁石の数を推定しなさい。

6 Aさんの学校では，全校生徒425人でペットボトルを集める活動をしています。1週間に全体で何本のペットボトルが集まったかを調べるために，全校生徒の中から20人を無作為に抽出し，集めたペットボトルの本数を下のようにまとめました。

| 5 | 12 | 9 | 10 | 8 | 13 | 12 | 15 | 13 | 12 |
| 18 | 10 | 11 | 4 | 14 | 15 | 13 | 12 | 10 | 16 |

(本)

(1) 標本平均を求めなさい。

(2) (1)で求めた標本平均と全校生徒数から，集めたペットボトルが全部で何本かを推定しなさい。

8章

教科書220〜230ページ

ヒント 　**5** 標本が示す割合と，母集団における割合はほぼ等しくなります。
　　　　6 (1)20人の平均値を求めます。

ぴたトレ
3
確認テスト

8章　標本調査

時間 30分

／100点

合格 70点

❶ 次の調査は，全数調査，標本調査のどちらが適していますか。知

(1) 3年1組の視力検査

(2) 食品添加物の検査

❶	点／12点(各6点)
(1)	
(2)	

❷ ある薬の販売会社で，市内でその薬を服用している人の比率を推定することにしました。この市の人口はおよそ18000人で，この中から200人を無作為に抽出して調査をします。次の(1)〜(3)に答えなさい。知

(1) 母集団を答えなさい。

(2) 標本を答えなさい。

(3) 標本の大きさを答えなさい。

❷	点／24点(各8点)
(1)	
(2)	
(3)	

❸ あるクラスの男子30人にそれぞれ1〜30まで番号をつけ，体重を測定して，下のような表にまとめました。知

番号	体重(kg)	番号	体重(kg)	番号	体重(kg)	番号	体重(kg)
1	38	9	47	17	49	25	46
2	46	10	49	18	46	26	49
3	45	11	42	19	38	27	48
4	39	12	49	20	44	28	47
5	52	13	50	21	47	29	49
6	41	14	51	22	49	30	52
7	43	15	56	23	45		
8	38	16	46	24	43		

この中から大きさが5である標本をつくるのに，乱数さいを2つ使って乱数を発生させたところ，順に次のようになりました。

02, 06, 84, 43, 68, 97, 05, 40, 55, 06, 27, 16, …

(1) 発生させた乱数を利用して，上の表から標本を無作為に抽出しなさい。

(2) (1)で抽出した標本の標本平均を求めなさい。

❸	点／16点(各8点)
(1)	
(2)	

成績評価の観点　知…数量や図形などについての知識・技能　考…数学的な思考・判断・表現

❹ ある池に生息するカメの数を推定するために，カメを 25 匹捕まえて，その全部に目印をつけて戻しました。1 週間後に，再び同じ池で 15 匹捕まえたら，目印のついたカメが 8 匹いました。この池に生息するカメの数を推定し，一の位までの概数で求めなさい。 考

❺ ある工場で作られている製品 10000 個から，無作為に 500 個抽出し，その 500 個の製品を調べたところ不良品が 3 個でした。次の (1)～(3)に答えなさい。 考

(1) この工場で作られる製品は，何％の不良品をふくんでいると推定できますか。

(2) 製品 10000 個のうち，何個の不良品がふくまれていると推定できますか。

(3) この工場では，不良品でない製品を 30000 個用意したいと考えています。製品をおよそ何個生産すればよいですか。百の位までの概数で求めなさい。

(1)
(2)
(3)

❻ 600 ページある英和辞典に掲載されている見出し語の数を推定するために，無作為に 10 ページを選び，各ページの見出し語の数を調べて，下のような表にまとめました。 考

選んだ ページ	61	105	219	563	301	98	472	144	187	252
見出し語 の数	12	15	11	16	19	14	18	18	17	16

(1)
(2)

(1) 標本として選んだ 10 ページの見出し語の数の平均値を求めなさい。

(2) この英和辞典に掲載されている見出し語の数を推定し，百の位までの概数で求めなさい。

知 /52点　考 /48点

教科書のまとめ 〈8章 標本調査〉

●全数調査と標本調査

・集団のもっている傾向や特徴などの性質を知るために，その集団をつくっているもの全部について行う調査を**全数調査**という。

・集団の一部分を調べて，その結果からもとの集団の性質を推定する調査を**標本調査**という。

(例) 「学校で行う体力測定」は全数調査，「ペットボトル飲料の品質調査」は全数調査よりも標本調査に適している。

●母集団と標本

・標本調査で，調査の対象となるもとの集団を**母集団**といい，調査のために母集団から取り出された一部分を**標本**という。標本として取り出されたデータの個数を**標本の大きさ**という。

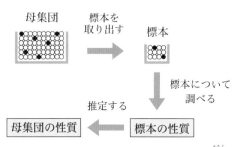

・母集団から標本を取り出すときには，偏りがなく公平に取り出す工夫をしなければならない。このようにして標本を取り出すことを**無作為に抽出する**という。

・標本を無作為に抽出する方法
  (ア) 乱数表を使う
  (イ) 乱数さいを使う
  (ウ) コンピュータを使う

(例) 全校生徒560人の中から100人を選び出して，睡眠時間の調査を行った。この調査の母集団は全校生徒560人で，標本は選び出した100人，標本の大きさは100である。

●標本平均と母集団の平均値

・母集団から抽出した標本の平均値を**標本平均**という。

・標本の大きさが大きいほど，標本平均は母集団の平均値に近づく。

●母集団の数量の推定

標本を無作為に抽出すれば，標本での数量の割合で母集団の数量の割合を推定できる。

(例) 袋の中に，白い碁石と黒い碁石が合わせて 300 個入っている。この袋の中から 20 個の碁石を無作為に抽出したところ，白い碁石が 12 個ふくまれていた。

袋の中の白い碁石の数を x 個とすると，
  $300 : x = 20 : 12$
これを解くと，$x = 180$
したがって，袋の中に入っていた白い碁石はおよそ 180 個と推定できる。

●標本調査の利用

❶ 調べたいことを決める

❷ 標本調査の計画を立てる
  ・母集団と標本を決める
  ・標本を無作為に抽出するための方法を決める

❸ 標本の性質を調べる

❹ 標本の性質から母集団の性質を考える

テスト前に役立つ!

\\ 定期テスト //

予想問題

- テスト本番を意識し，時間を計って解きましょう。
- 取り組んだあとは，必ず答え合わせを行い，まちがえたところを復習しましょう。
- 観点別評価を活用して，自分の苦手なところを確認しましょう。

テスト前に解いて，わからない問題やまちがえた問題は，もう一度確認しておこう!

時間 30分　／100点
合格 70点

❶ 次の計算をしなさい。 知

(1)　$3xy(2x-5y)$

(2)　$-\dfrac{1}{2}a(6a-8b)$

(3)　$(9a^2b-6a)\div 3a$

(4)　$(9x^2y-15x)\div(-3x)$

教科書 p.14～15

❶	点/12点(各3点)
(1)	
(2)	
(3)	
(4)	

❷ 次の式を展開しなさい。 知

(1)　$(x+4)(3x-2)$

(2)　$(x-1)(x+7)$

(3)　$(3x+1)(x+y-1)$

(4)　$(2x-9)(x-2)$

(5)　$(x-9)^2$

(6)　$(2y-7)^2$

(7)　$(-7+3t)^2$

(8)　$(a+5b)(a-5b)$

(9)　$(3x-4y)(3x+4y)$

(10)　$\left(m+\dfrac{2}{5}\right)\left(m-\dfrac{2}{5}\right)$

教科書 p.16～23

❷	点/30点(各3点)
(1)	
(2)	
(3)	
(4)	
(5)	
(6)	
(7)	
(8)	
(9)	
(10)	

❸ 次の式を工夫して計算しなさい。 知

(1)　47×53

(2)　399^2

教科書 p.24

❸	点/6点(各3点)
(1)	
(2)	

成績評価の観点　知…数量や図形などについての知識・技能　考…数学的な思考・判断・表現

4 次の式を因数分解しなさい。知 　　　　　　　　　　　教科書 p.26 〜 33

(1)　$2x^2y - 6xy^2$ 　　　　　　　(2)　$x^2 - 12x + 11$

(3)　$x^2 - 2x - 15$ 　　　　　　　(4)　$x^2 - 9y^2$

(5)　$-18 + 8x^2$ 　　　　　　　(6)　$4a^2 - 24a + 36$

(7)　$3x^2 - 12x + 12$ 　　　　　　(8)　$x^2 - 0.16$

(9)　$(x + 5)^2 - 25y^2$ 　　　　　(10)　$ab + 6b - a - 6$

4　　点/30点(各3点)

(1)	
(2)	
(3)	
(4)	
(5)	
(6)	
(7)	
(8)	
(9)	
(10)	

定期テスト予想問題

教科書12〜41ページ

5 次の式の値を求めなさい。知 　　　　　　　　　　　教科書 p.34

(1)　$x = 79$, $y = 20$ のときの, 式 $x^2 + 2xy + y^2 - 1$ の値

(2)　$x = 9.5$, $y = 0.5$ のときの, 式 $x^2 + xy$ の値

5　　点/10点(各5点)

(1)	
(2)	

6 連続する2つの整数をそれぞれ2乗した数の和から1をひいた数
は, この2つの整数の積の2倍に等しいことを証明しなさい。考

教科書 p.36 〜 37

6　　点/6点

7 半径6cmの円があります。この円の半径
を$a$cm長くすると, 面積は何cm^{2}増えま
すか。aを使った最も簡単な式で表しな
さい。考

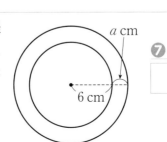

教科書 p.38 〜 39

7　　点/6点

知　　/88点　　考　　/12点

2章　平方根

❶ 次の数を，根号を使わないで表しなさい。知

(1) $-\sqrt{\dfrac{36}{64}}$　　　　　(2) $\sqrt{0.49}$

(3) $\sqrt{(-6)^2}$　　　　　(4) $(-\sqrt{15})^2$

教科書 p.48

❶　　　　点／12点(各3点)

(1)		(2)	
(3)		(4)	

❷ 次の各組の数の大小を，不等号を使って表しなさい。知

(1) $-\sqrt{26}$，-5　　　　(2) $\dfrac{7}{2}$，$\sqrt{13}$，$2\sqrt{2}$

教科書 p.49

❷　　　　点／6点(各3点)

(1)	
(2)	

❸ 次の測定値を，（　）内の有効数字の桁数として，整数部分が1桁の小数と10の累乗との積の形で表しなさい。知

(1) 地球から太陽までの距離　149000000km(有効数字4桁)

(2) 日本の国土面積　378000km²(有効数字3桁)

教科書 p.51

❸　　　　点／6点(各3点)

(1)	
(2)	

❹ $\dfrac{2}{\sqrt{3}}$ の分母を有理化し，近似値を四捨五入して小数第2位まで求めなさい。ただし，$\sqrt{3}=1.732$ とする。知

教科書 p.60〜61

❹　　　　点／4点

❺ 次の計算をしなさい。知

(1) $\sqrt{6}\times\sqrt{18}$　　　　　(2) $\sqrt{8}\times(-\sqrt{48})$

(3) $2\sqrt{15}\div\sqrt{3}$　　　　　(4) $\sqrt{180}\div(-\sqrt{5})$

(5) $\sqrt{8}\div\sqrt{12}\times\sqrt{15}$　　　(6) $\sqrt{24}\times(-\sqrt{3})\div\sqrt{9}$

教科書 p.62〜63

❺　　　　点／18点(各3点)

(1)		(2)	
(3)		(4)	
(5)		(6)	

　成績評価の観点　知…数量や図形などについての知識・技能　考…数学的な思考・判断・表現

6 次の計算をしなさい。知

教科書 p.64〜65

(1) $\sqrt{8}+\sqrt{72}$

(2) $\sqrt{18}-\sqrt{32}$

(3) $4\sqrt{3}-\sqrt{27}+\sqrt{12}$

(4) $\sqrt{32}+5\sqrt{18}-\sqrt{72}$

(5) $5\sqrt{20}-3\sqrt{125}+2\sqrt{45}$

(6) $2\sqrt{18}-4\sqrt{3}-\sqrt{8}+\sqrt{27}$

6	点/18点(各3点)
(1)	
(2)	
(3)	
(4)	
(5)	
(6)	

7 次の計算をしなさい。知

教科書 p.66〜67

(1) $\sqrt{3}(\sqrt{12}-2\sqrt{6})$

(2) $(\sqrt{5}-\sqrt{2})^2$

(3) $(1+\sqrt{6})^2$

(4) $(\sqrt{7}+2\sqrt{2})(\sqrt{7}-2\sqrt{2})$

(5) $(\sqrt{2}+\sqrt{3})(\sqrt{2}-3\sqrt{3})$

(6) $(\sqrt{5}-3)(\sqrt{5}+3)$

7	点/24点(各4点)
(1)	
(2)	
(3)	
(4)	
(5)	
(6)	

8 次の(1), (2)に答えなさい。考

教科書 p.67

(1) $a=2+\sqrt{3}$, $b=2-\sqrt{3}$ のときの，式 a^2-b^2 の値を求めなさい。

(2) $4<\sqrt{x}<5$ にあてはまる整数 x はいくつあるか求めなさい。

8	点/8点(各4点)
(1)	
(2)	

9 図のように，全体の面積が75m²で正方形の形をした土地があります。このうち，周囲の幅1mに用水路をつくり，真ん中の部分に花を植えます。花を植える部分の面積は何m²ですか。四捨五入して小数第1位まで求めなさい。考

教科書 p.71

9	点/4点

知	/88点	考	/12点

❶ 次の2次方程式を解きなさい。知

(1)　$(y-4)(y+6)=0$　　　(2)　$x^2-3x-10=0$

(3)　$m^2-15m+54=0$　　　(4)　$x^2-81=0$

(5)　$x^2+4=4x$　　　(6)　$2x^2-50=0$

(7)　$(x-9)^2=2x-19$　　　(8)　$(x-1)(x+2)=18$

教科書 p.82〜85

❶　　　　　　　点/32点(各4点)

(1)	
(2)	
(3)	
(4)	
(5)	
(6)	
(7)	
(8)	

❷ 次の2次方程式を，平方根の考えを使って解きなさい。知

(1)　$(x-4)^2=28$　　　(2)　$x^2+4x=1$

教科書 p.86〜87

❷　　　　　　　点/10点(各5点)

(1)	
(2)	

❸ 次の2次方程式を，解の公式を使って解きなさい。知

(1)　$4x^2+5x-2=0$　　　(2)　$2x^2-10x+5=0$

(3)　$3x^2-1=7x$　　　(4)　$2x^2+6x+1=0$

教科書 p.88〜90

❸　　　　　　　点/20点(各5点)

(1)	
(2)	
(3)	
(4)	

❹ 2次方程式 $x^2+ax+6=0$ の1つの解が3であるとき，a の値を求めなさい。また，ほかの解を求めなさい。知

教科書 p.80〜81

❹　　　　　　　点/5点

aの値	
ほかの解	

⑤ 解が3，－5になる2次方程式をつくり，xの2次式の形で表しなさい。知

教科書 p.82

⑤　点/5点

⑥ 連続する2つの正の奇数（きすう）があり，それぞれの2乗の和が202になります。この2つの正の奇数を求めなさい。考

教科書 p.93

⑥　点/5点

⑦ 大小2つの整数があり，その和は13で，積は36になります。この2つの整数を求めなさい。考

教科書 p.93

⑦　点/5点

⑧ 右の図のような直角二等辺三角形ABCで，点Pは，Bを出発して辺BC上をCまで動きます。また，点Qは，点PがBを出発するのと同時にCを出発し，Pと同じ速さで辺CA上をAまで動きます。
△PCQが12cm²になるのは，点PがBから何cm動いたときですか。考

教科書 p.94

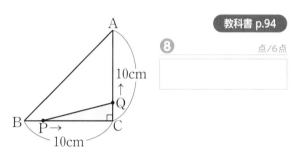

⑧　点/6点

⑨ 縦が10m，横が12mの長方形の土地があります。この土地に，右の図のように，縦，横同じ幅（はば）の道をつくったところ，道を除いた土地の面積が，もとの土地の面積の$\dfrac{2}{3}$になりました。次の(1)，(2)に答えなさい。考

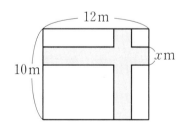

教科書 p.95〜96

⑨　点/12点(各6点)

(1)

(2)

(1)　道の幅をxmとして，xの方程式をつくりなさい。

(2)　(1)の方程式を解いて，道の幅を求めなさい。

知　／72点　考　／28点

時間30分　／100点　合格70点

1 次の⑦～⑤で，yがxの2乗に比例するものを選び，記号で答えなさい。知

⑦　半径が$x$cmの円の円周が$y$cm

④　底辺が$x$cm，高さが4cmの三角形の面積が$y$cm²

⑤　1辺の長さが$x$cmの立方体の体積が$y$cm³

⑤　直角二等辺三角形の等しい辺の長さが$x$cmで，面積が$y$cm²

教科書 p.104～105

① 点/5点

2 次の場合について，**yをxの式で表しなさい。**知

(1)　yがxの2乗に比例し，$x=4$のとき$y=32$である。

(2)　xとyの関係が$y=ax^2$で表され，$x=\dfrac{1}{2}$のとき$y=-1$である。

教科書 p.120

② 点/10点(各5点)

(1)

(2)

3 次の関数のグラフをかきなさい。知

(1)　$y=x^2$　　(2)　$y=\dfrac{1}{2}x^2$

(3)　$y=-\dfrac{1}{4}x^2$　　(4)　$y=-3x^2$

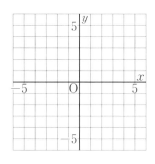

教科書 p.106～111

③ 点/24点(各6点)

(1) 左の図にかき入れる。

(2) 左の図にかき入れる。

(3) 左の図にかき入れる。

(4) 左の図にかき入れる。

4 右の図は，6つの関数を表しています。次の(1)，(2)に答えなさい。知

(1)　①～⑤のグラフのうち，$y=\dfrac{1}{3}x^2$のグラフはどれですか。あてはまるものを選び，番号で答えなさい。

(2)　⑥のグラフについて，yをxの式で表しなさい。

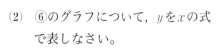
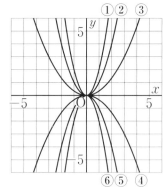

教科書 p.112, p.121

④ 点/12点(各6点)

(1)

(2)

成績評価の観点　知…数量や図形などについての知識・技能　考…数学的な思考・判断・表現

5 ある関数のグラフは，右の図のような放物線になりました。xの変域を，$-4 \leqq x \leqq 2$として，次の(1)～(3)に答えなさい。知

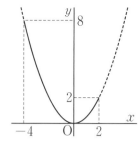

(1) yの変域を求めなさい。

(2) yをxの式で表しなさい。

(3) xが-4から-2まで増加するときの変化の割合を求めなさい。

教科書 p.114～117, p.121

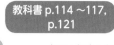

5 点/18点(各6点)

(1)	
(2)	
(3)	

定期テスト予想問題

教科書102～131ページ

6 時速$x$kmで走っている列車が，ブレーキをかけてから止まるまでにym進んだとすると，xとyの間に$y = 0.05x^2$という関係があるものとします。この列車が時速80kmで走っているとき，ブレーキをかけてから止まるまでに何m進みますか。考

教科書 p.124～125

6 点/7点

7 右の図のように，長方形ABCDの2辺AB，AD上を，2点P，Qが点Aから$AQ = 2AP$となるように動きます。$AB = 10$cm，$AD = 20$cm，$AP = x$cm，$\triangle APQ = y$cm^{2}として，次の(1)～(4)に答えなさい。考

(1) yをxの式で表しなさい。

(2) xの変域を求めなさい。

(3) yの変域を求めなさい。

(4) $y = 45$となるとき，AQの長さを求めなさい。

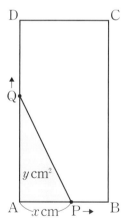

教科書 p.127

7 点/24点(各6点)

(1)	
(2)	
(3)	
(4)	

❶ 右の図について，次の(1)，(2)に答えなさい。知

(1) 右の図に，点Oを相似の中心として，△ABCと相似の位置にある△A′B′C′をかきなさい。ただし，△ABCと△A′B′C′の相似比は1：2とし，点Oについて，△ABCと△A′B′C′が反対側になるようにかきなさい。

❶ 点／10点(各5点)

(1)

(2) AB＝6cmのとき，A′B′は何cmか答えなさい。

(2)

❷ 次の図で，相似な三角形を見つけ，記号∽を使って表しなさい。また，そのときに使った相似条件を答えなさい。知

❷ 点／20点(各5点)

(1)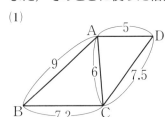

(2)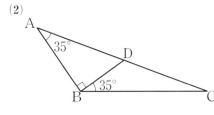

	相似	
(1)	相似条件	
	相似	
(2)	相似条件	

❸ 右の図の△ABCについて，△ABC∽△DBAであることを証明しなさい。考

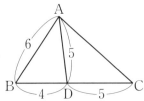

❸ 点／15点

❹ 次の図で，DE∥BCです。x，yの値を求めなさい。知

(1)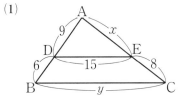

(2)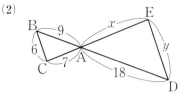

❹ 点／20点(各5点)

(1)	x	
	y	
(2)	x	
	y	

成績評価の観点　知…数量や図形などについての知識・技能　考…数学的な思考・判断・表現

⑤ 次の図の(1), (2)の直線 p, q, rは平行です。xの値を求めなさい。

教科書 p.154 〜 155

(1)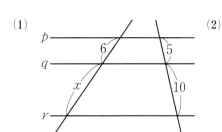

(2)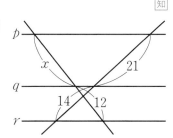

⑤ 点/10点(各5点)

(1)	
(2)	

⑥ 右の図のように，辺ABを3等分する点をD，Eとします。また，辺ACを延長し，AC＝CFとなる点Fをとり，EとFを結びます。線分BCと線分EFの交点をGとするとき，GFの長さを求めなさい。 [考]

教科書 p.156 〜 157

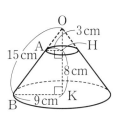

⑥ 点/5点

⑦ 右の図は，円錐を底面に平行な平面で切ってできた立体を表しています。切り口の円の半径AHが3cm，もとの円錐の底面の半径BKが9cm，高さHKが8cm，OBが15cmのとき，この立体の体積と表面積を求めなさい。 [考]

教科書 p.164 〜 166

⑦ 点/10点(各5点)

体積	
表面積	

⑧ ビルから30m離れた地点Pからビルの頂上を見たら，水平方向に対して50°上に見えました。目の高さを1.5mとして，地上からビルの頂上までの高さを，縮図をかいて求めなさい。 [考]

教科書 p.167 〜 168

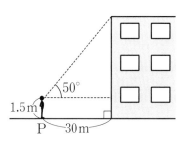

⑧ 点/10点

[知] /60点 [考] /40点

❶ 次の図で，*x*，*y*の値を求めなさい。[知]

教科書 p.178〜181

(1)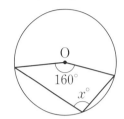

(2)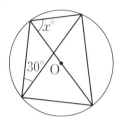

(3)(4)

❶ 点/35点(各7点)

(1)	
(2)	
(3)	*x*
	y
(4)	

❷ 右の図のように，円Oの円周上にある4点を頂点とする四角形ABCDがあります。線分ACと線分BDの交点をPとするとき，次の(1)，(2)に答えなさい。

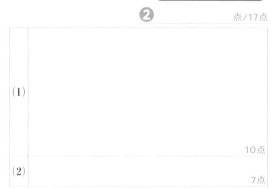

教科書 p.178〜181

❷ 点/17点

(1) △ABP∽△DCPを証明しなさい。[考]

(1)	10点
(2)	7点

(2) 図の中から，相似な三角形の組を△ABPと△DCP以外で答えなさい。[知]

❸ 右の図で，$\overarc{AB}:\overarc{BC}:\overarc{CD}=1:1:3$であり，Pは弦ACと弦BDの交点です。△CDPがDC＝DPの二等辺三角形となるとき，∠CDPは何度になるか求めなさい。[考]

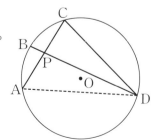

教科書 p.182〜183

❸ 点/7点

　成績評価の観点　[知]…数量や図形などについての知識・技能　[考]…数学的な思考・判断・表現

4 右の図の四角形ABCDの4つの頂点が1つの円周上にあるとき，xの値を求めなさい。 考

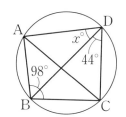

教科書 p.184〜185

4　　　　　　　　　点/7点

5 右の図で，点A，B，C，D，E，F，Gは1つの円周上にあります。このとき，$\overparen{AB}$の長さを求めなさい。ただし，$\overparen{AB}$とは短いほうの弧をさすものとする。 考

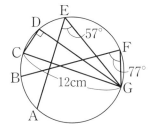

教科書 p.182〜183

5　　　　　　　　　点/7点

6 右の図で，4点A，B，C，Dは1つの円周上にあります。直線ABと直線DCの交点をE，ACとDBの交点をFとするとき，∠BAFの大きさを求めなさい。 考

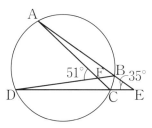

教科書 p.190

6　　　　　　　　　点/7点

7 右の図で，△ABCはAB＝ACの二等辺三角形で，BC∥DEです。∠EDC＝∠EBCとなるとき，次の(1)，(2)に答えなさい。 考

(1) 4点B，C，D，Eは1つの円周上にあります。この円を作図しなさい。

(2) 4点B，C，D，Eが1つの円周上にあることを証明しなさい。

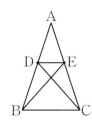

教科書 p.184〜185

7　　　　　点/20点(各10点)

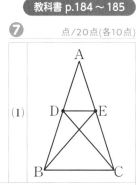

(1)

(2)

知　　　/42点　　考　　　　/58点

時間
30分　／100点

合格
70点

❶ 次の図で，x の値を求めなさい。 知

教科書 p.200〜201,
p.204〜205, p.213

(1)

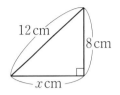

(2)

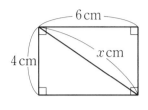

❶　点/20点(各5点)

(1)	
(2)	
(3)	
(4)	

(3)

(4)

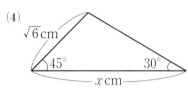

❷ 次の長さを3辺とする三角形のうち，直角三角形になるものには
○を，ならないものには×をつけなさい。 知

教科書 p.202〜203

(1)　6 cm，14 cm，15 cm　　　(2)　10 cm，$10\sqrt{3}$ cm，20 cm

(3)　9 cm，12 cm，15 cm　　　(4)　8 cm，$8\sqrt{5}$ cm，20 cm

❷　点/20点(各5点)

(1)		(2)	
(3)		(4)	

❸ 次の2点 A，B間の距離を求めなさい。 知

(1)　A(2，−3)，B(−2，0)　　(2)　A($\sqrt{5}$，1)，B(1，−$\sqrt{5}$)

教科書 p.207

❸　点/10点(各5点)

(1)	
(2)	

❹ 右の図で，円 M は x 軸，y 軸とそれ
ぞれ点 A(4，0)，点 B で交わり，
∠OPA ＝30°です。次の(1)，(2)に
答えなさい。 考

(1)　点 B の座標を求めなさい。

(2)　円 M の半径を求めなさい。

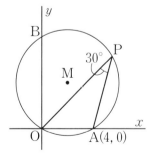

教科書 p.207

❹　点/10点(各5点)

(1)	
(2)	

成績評価の観点　知…数量や図形などについての知識・技能　考…数学的な思考・判断・表現

⑤ 右の図のような，1辺の長さが6cm
の立方体があります。これについて，
次の(1)〜(4)に答えなさい。 考

(1) AFの長さを求めなさい。

(2) △AFCの面積を求めなさい。

(3) 三角錐BAFCの体積を求めなさい。

(4) 頂点Bから△AFCにひいた垂線の長さを求めなさい。

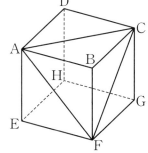

教科書 p.208〜209

⑤	点/20点(各5点)
(1)	
(2)	
(3)	
(4)	

⑥ 右の図のような，AB＝8cm，
AD＝4cm，AE＝2cmの直
方体があります。辺AB上に
点Pがあり，DP＋PFの長
さが最も短くなるとき，その
長さを求めなさい。 考

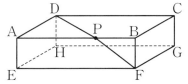

教科書 p.208〜209

⑥	点/5点

⑦ 右の図のような，AB＝$2\sqrt{3}$ cm，BC＝$\sqrt{3}$ cm
の直角三角形があります。△ABCを，ℓを
軸として1回転させてできる立体について，
次の(1)〜(3)に答えなさい。 考

(1) この立体の高さACの長さを求めなさい。

(2) この立体の体積を求めなさい。

(3) この立体の表面積を求めなさい。

教科書 p.208〜209

⑦	点/15点(各5点)
(1)	
(2)	
(3)	

知	/50点	考	/50点

8章　標本調査

時間 15分　　合格 70点　　／100点

① 次の調査は，全数調査と標本調査のどちらが適していますか。知　　教科書 p.221

(1) 池の水質検査　　　　(2) クラスで行った体重測定

(3) ある交差点での1日の交通量調査

① 点／36点(各12点)

(1)

(2)

(3)

② 右の表は，3年1組の女子15人のハンドボール投げの記録をまとめたものです。この中から大きさが5の標本をつくるために，乱数さいを使って乱数を発生させると，順に次のようになりました。

番号	記録 (m)	番号	記録 (m)	番号	記録 (m)
1	18.2	6	19.5	11	12.3
2	13.6	7	18.9	12	15.6
3	14.4	8	15.4	13	15.3
4	14.6	9	15.6	14	14.6
5	18.1	10	19.0	15	17.0

教科書 p.222〜225

② 点／24点(各12点)

(1)

(2)

　　04, 36, 86, 72, 63, 43, 21, 06, 10, 35, 13, 61, 01…

次の(1), (2)に答えなさい。知

(1) 母集団を答えなさい。

(2) 上の乱数を使って，標本平均を求めなさい。

③ 袋にねじが入っており，この袋の中にねじが何本あるかを調べるため，袋の中から20本のねじを取り出し，それらに色を塗ってから袋に戻し，よく混ぜました。次に，この中から15本を取り出したところ，色を塗ったねじが3本混じっていました。袋の中に入っているねじの数を推定しなさい。考

教科書 p.226〜227

③ 点／20点

④ 箱の中に黒いボタンと白いボタンが入っています。よくかき混ぜてからひとつかみ取り出してみると，黒いボタンは24個，白いボタンは16個でした。この箱の中に入っているボタンのうち，全体に対する黒いボタンの個数の割合を推定しなさい。考

教科書 p.226〜227

④ 点／20点

1章　多項式

p.6〜7　　　　　**ぴたトレ0**

(1) $7x+3$　**(2)** $7x-1$　**(3)** $x+4$

(4) $3a+4$　**(5)** $7a-b$　**(6)** $4x-11y$

(7) $2x-2y$　**(8)** $-a+5b$

かっこをはずすとき，かっこの前が−のときは，かっこの中の各項の符号を変えたものの和として表します。

$(4)(2a-4)-(-a-8)$
$=2a-4+a+8=3a+4$
$(8)(7a+2b)-(8a-3b)$
$=7a+2b-8a+3b=-a+5b$

(1) たす $6x^2+2x$，ひく $-2x^2-8x$

(2) たす $-2x^2+x$，ひく $-4x^2+15x$

x^2 と x は同類項でないことに注意しましょう。

$(1)(2x^2-3x)+(4x^2+5x)$
$=2x^2-3x+4x^2+5x$
$=6x^2+2x$
$(2x^2-3x)-(4x^2+5x)$
$=2x^2-3x-4x^2-5x$
$=-2x^2-8x$
$(2)(-3x^2+8x)+(x^2-7x)$
$=-3x^2+8x+x^2-7x$
$=-2x^2+x$
$(-3x^2+8x)-(x^2-7x)$
$=-3x^2+8x-x^2+7x$
$=-4x^2+15x$

(1) $10x+15$　**(2)** $-12x+21$

(3) $-18x-24$　**(4)** $15x-10$

(5) $10x-18y$　**(6)** $-4a-32b$

(7) $4x+7y$　**(8)** $-8x+6y$

分配法則を使ってかっこをはずします。

$(3)-6(3x+4)$
$=(-6)\times 3x+(-6)\times 4$
$=-18x-24$

$(8)(20x-15y)\times\left(-\dfrac{2}{5}\right)$

$=20x\times\left(-\dfrac{2}{5}\right)-15y\times\left(-\dfrac{2}{5}\right)$

$=4x\times(-2)-3y\times(-2)$

$=-8x+6y$

❹ **(1)** $2x+3$　**(2)** $-2x+1$　**(3)** $3x-18$

(4) $30x+25$　**(5)** $3x+4y$　**(6)** $-a-3b$

(7) $5x-15y$　**(8)** $-16x+8y$

解き方　整数でわるときは，$(a+b)\div m=\dfrac{a}{m}+\dfrac{b}{m}$ を使ってかっこをはずします。分数でわるときは，わる数の逆数をかけます。

$(5)(15x+20y)\div 5=\dfrac{15x}{5}+\dfrac{20y}{5}$

$=3x+4y$

$(8)(24x-12y)\div\left(-\dfrac{3}{2}\right)$

$=(24x-12y)\times\left(-\dfrac{2}{3}\right)$

$=24x\times\left(-\dfrac{2}{3}\right)-12y\times\left(-\dfrac{2}{3}\right)$

$=-16x+8y$

p.9　　　　　**ぴたトレ1**

1 **(1)** $-4x^2+12xy$　**(2)** $12a^2+9ab$

(3) $6a^2-2ab+2a$　**(4)** $6x^2-10xy$

解き方　分配法則を使って計算します。

$(1)-4x(x-3y)=-4x\times x-4x\times(-3y)$
$=-4x^2+12xy$
$(2)(4a+3b)\times 3a=4a\times 3a+3b\times 3a$
$=12a^2+9ab$
$(3)2a(3a-b+1)=2a\times 3a+2a\times(-b)+2a\times 1$
$=6a^2-2ab+2a$
$(4)\dfrac{2}{5}x(15x-25y)=\dfrac{2}{5}x\times 15x+\dfrac{2}{5}x\times(-25y)$
$=6x^2-10xy$

2 **(1)** $2y+1$　**(2)** $2x-6y$

(3) $5x-4y-3$　**(4)** $16a-10$

左の欄外：**解き方**

分数の形にして計算します。

$(1)(2xy+x)\div x$

$=\dfrac{2xy+x}{x}$

$=\dfrac{2xy}{x}+\dfrac{x}{x}=2y+1$

$(2)(-8x^2+24xy)\div(-4x)$

$=\dfrac{-8x^2+24xy}{-4x}$

$=\dfrac{-8x^2}{-4x}+\dfrac{24xy}{-4x}=2x-6y$

$(3)(30x^2-24xy-18x)\div 6x$

$=\dfrac{30x^2-24xy-18x}{6x}$

$=\dfrac{30x^2}{6x}-\dfrac{24xy}{6x}-\dfrac{18x}{6x}=5x-4y-3$

$(4)(24a^2-15a)\div\dfrac{3}{2}a$

$=(24a^2-15a)\times\dfrac{2}{3a}$

$=24a^2\times\dfrac{2}{3a}-15a\times\dfrac{2}{3a}=16a-10$

3 $(1)xy+x+2y+2$　$(2)xy+7x-6y-42$

$(3)6xy-15x-8y+20$　$(4)10a^2+39ab-27b^2$

$(5)a^2+2ab+3a+4b+2$

$(6)-4x^2+14xy-6y^2-5x+15y$

左の欄外：**解き方**

展開して，同類項をまとめます。

$(1)(x+2)(y+1)$

$=x\times y+x\times 1+2\times y+2\times 1$

$=xy+x+2y+2$

$(2)(x-6)(y+7)$

$=x\times y+x\times 7-6\times y-6\times 7$

$=xy+7x-6y-42$

$(3)(3x-4)(2y-5)$

$=3x\times 2y+3x\times(-5)-4\times 2y-4\times(-5)$

$=6xy-15x-8y+20$

$(4)(5a-3b)(2a+9b)$

$=5a\times 2a+5a\times 9b-3b\times 2a-3b\times 9b$

$=10a^2+45ab-6ab-27b^2$

$=10a^2+39ab-27b^2$

$(5)(a+2)(a+2b+1)$

$=a(a+2b+1)+2(a+2b+1)$

$=a^2+2ab+a+2a+4b+2$

$=a^2+2ab+3a+4b+2$

$(6)(-4x+2y-5)(x-3y)$

$=x(-4x+2y-5)-3y(-4x+2y-5)$

$=-4x^2+2xy-5x+12xy-6y^2+15y$

$=-4x^2+14xy-6y^2-5x+15y$

---

1 $(1)x^2+6x-27$　$(2)x^2-2x+\dfrac{3}{4}$

$(3)x^2+10x+25$　$(4)x^2-12x+36$

$(5)x^2-81$　$(6)x^2-\dfrac{1}{9}$

左の欄外：**解き方**

公式を使って展開します。

$(1)(x-3)(x+9)$

$=x^2+\{(-3)+9\}x+(-3)\times 9$

$=x^2+6x-27$

$(2)\left(x-\dfrac{3}{2}\right)\left(x-\dfrac{1}{2}\right)$

$=x^2+\left\{\left(-\dfrac{3}{2}\right)+\left(-\dfrac{1}{2}\right)\right\}x+\left(-\dfrac{3}{2}\right)\times\left(-\dfrac{1}{2}\right)$

$=x^2-2x+\dfrac{3}{4}$

$(3)(x+5)^2$

$=x^2+2\times 5\times x+5^2$

$=x^2+10x+25$

$(4)(x-6)^2$

$=x^2-2\times 6\times x+6^2$

$=x^2-12x+36$

$(5)(x+9)(x-9)$

$=x^2-9^2$

$=x^2-81$

$(6)\left(x-\dfrac{1}{3}\right)\left(x+\dfrac{1}{3}\right)$

$=x^2-\left(\dfrac{1}{3}\right)^2$

$=x^2-\dfrac{1}{9}$

2 $(1)16y^2-24y+9$　$(2)4x^2-16y^2$

$(3)x^2-2xy+y^2-2x+2y+1$

$(4)x^2+4x+4-y^2$

左の欄外：**解き方**

式の一部をひとまとまりにみて，展開の公式を使います。

$(1)(4y-3)^2$

$=(4y)^2-2\times 3\times 4y+3^2$

$=16y^2-24y+9$

$(2)(2x-4y)(2x+4y)$

$=(2x)^2-(4y)^2$

$=4x^2-16y^2$

$(3)(x-y-1)^2$

$x-y$をAと置くと，

$(A-1)^2$

$=A^2-2A+1$

$=(x-y)^2-2(x-y)+1$

$=x^2-2xy+y^2-2x+2y+1$

$(4)(x+y+2)(x-y+2)$
$\quad =(x+2+y)(x+2-y)$
$\quad x+2$ を A と置くと，
$\quad (A+y)(A-y)$
$\quad =A^2-y^2$
$\quad =(x+2)^2-y^2$
$\quad =x^2+4x+4-y^2$

(1)$2x^2+9x+13$ (2)$4x-13$

展開の公式を使って，同類項をまとめます。
$(1)(x+1)^2+(x+3)(x+4)$
$\quad =x^2+2x+1+x^2+7x+12$
$\quad =2x^2+9x+13$
$(2)(x+3)(x-3)-(x-2)^2$
$\quad =x^2-3^2-(x^2-4x+4)$
$\quad =x^2-9-x^2+4x-4$
$\quad =4x-13$

(1)9996 (2)89401

展開の公式を使って，式を工夫して計算します。
$(1)102\times98=(100+2)(100-2)$
$\quad\quad\quad\quad\quad =100^2-2^2$
$\quad\quad\quad\quad\quad =10000-4$
$\quad\quad\quad\quad\quad =9996$
$(2)299^2=(300-1)^2$
$\quad\quad\quad =300^2-2\times1\times300+1^2$
$\quad\quad\quad =90000-600+1$
$\quad\quad\quad =89401$

$\dfrac{22}{3}$

$(x+3y)(x-y)+(x+y)(x-3y)$
$=x^2-xy+3xy-3y^2+x^2-3xy+xy-3y^2$
$=2x^2-6y^2$

この式に，$x=2$，$y=-\dfrac{1}{3}$ を代入すると，
$2x^2-6y^2$
$=2\times2^2-6\times\left(-\dfrac{1}{3}\right)^2$
$=8-\dfrac{2}{3}$
$=\dfrac{22}{3}$

p.12〜13　ぴたトレ2

▶ **(1)$2x^2-6xy$ (2)$-6a^2+12ab$**
(3)$2b-1$ (4)$-18x+12y$

解き方
$(1)2x(x-3y)$
$\quad =2x\times x+2x\times(-3y)$
$\quad =2x^2-6xy$
$(2)(9a-18b)\times\left(-\dfrac{2}{3}a\right)$
$\quad =9a\times\left(-\dfrac{2}{3}a\right)-18b\times\left(-\dfrac{2}{3}a\right)$
$\quad =-6a^2+12ab$
$(3)(6ab^2-3ab)\div3ab$
$\quad =(6ab^2-3ab)\times\dfrac{1}{3ab}$
$\quad =6ab^2\times\dfrac{1}{3ab}-3ab\times\dfrac{1}{3ab}$
$\quad =2b-1$
$(4)(15x^2y-10xy^2)\div\left(-\dfrac{5}{6}xy\right)$
$\quad =(15x^2y-10xy^2)\times\left(-\dfrac{6}{5xy}\right)$
$\quad =15x^2y\times\left(-\dfrac{6}{5xy}\right)-10xy^2\times\left(-\dfrac{6}{5xy}\right)$
$\quad =-18x+12y$

❷ **(1)$x^2+2x-15$ (2)$6x^2-7x-5$**
(3)$-3x^2-2x+16$ (4)$6x^2-8xy-30y^2$

解き方
$(1)(x+5)(x-3)$
$\quad =x\times x+x\times(-3)+5\times x+5\times(-3)$
$\quad =x^2-3x+5x-15$
$\quad =x^2+2x-15$
$(2)(2x+1)(3x-5)$
$\quad =2x\times3x+2x\times(-5)+1\times3x+1\times(-5)$
$\quad =6x^2-10x+3x-5$
$\quad =6x^2-7x-5$
$(3)(-x+2)(3x+8)$
$\quad =-x\times3x-x\times8+2\times3x+2\times8$
$\quad =-3x^2-8x+6x+16$
$\quad =-3x^2-2x+16$
$(4)(3x+5y)(2x-6y)$
$\quad =3x\times2x+3x\times(-6y)+5y\times2x+5y\times(-6y)$
$\quad =6x^2-18xy+10xy-30y^2$
$\quad =6x^2-8xy-30y^2$

❸ **(1)$x^2-2x-35$ (2)$x^2-11x+28$**
(3)a^2+a-30 (4)$x^2-\dfrac{1}{6}x-\dfrac{1}{6}$

解き方
$(1)(x-7)(x+5)$
$\quad =x^2+\{(-7)+5\}x+(-7)\times5$
$\quad =x^2-2x-35$
$(2)(x-4)(x-7)$
$\quad =x^2+\{(-4)+(-7)\}x+(-4)\times(-7)$
$\quad =x^2-11x+28$

(3)$(a-5)(a+6)$
$=a^2+\{(-5)+6\}a+(-5)\times6$
$=a^2+a-30$

(4)$\left(x-\dfrac{1}{2}\right)\left(x+\dfrac{1}{3}\right)$
$=x^2+\left\{\left(-\dfrac{1}{2}\right)+\dfrac{1}{3}\right\}x+\left(-\dfrac{1}{2}\right)\times\dfrac{1}{3}$
$=x^2-\dfrac{1}{6}x-\dfrac{1}{6}$

4 (1)$x^2+16x+64$　(2)$64-16a+a^2$

(3)$x^2+0.8x+0.16$　(4)$y^2-\dfrac{3}{2}y+\dfrac{9}{16}$

解き方

(1)$(x+8)^2$
$=x^2+2\times8\times x+8^2$
$=x^2+16x+64$

(2)$(8-a)^2$
$=8^2-2\times a\times8+a^2$
$=64-16a+a^2$

(3)$(x+0.4)^2$
$=x^2+2\times0.4\times x+0.4^2$
$=x^2+0.8x+0.16$

(4)$\left(y-\dfrac{3}{4}\right)^2$
$=y^2-2\times\dfrac{3}{4}\times y+\left(\dfrac{3}{4}\right)^2$
$=y^2-\dfrac{3}{2}y+\dfrac{9}{16}$

5 (1)x^2-36　(2)$x^2-\dfrac{4}{9}$

(3)$25-a^2$　(4)$x^2-0.25$

解き方

(1)$(x-6)(x+6)=x^2-6^2$
$=x^2-36$

(2)$\left(x+\dfrac{2}{3}\right)\left(x-\dfrac{2}{3}\right)=x^2-\left(\dfrac{2}{3}\right)^2$
$=x^2-\dfrac{4}{9}$

(3)$(5+a)(5-a)=5^2-a^2$
$=25-a^2$

(4)$(x-0.5)(x+0.5)=x^2-0.5^2$
$=x^2-0.25$

6 (1)$9x^2-33x+30$　(2)$x^2y^2-4xy-12$
(3)$16a^2-24ab+9b^2$　(4)$9x^2+12x-12$

解き方

(1)$(3x-6)(3x-5)$
$3x$をAと置くと，
$(A-6)(A-5)$
$=A^2-11A+30$
$=(3x)^2-11\times3x+30$
$=9x^2-33x+30$

(2)$(xy+2)(xy-6)$
xyをAと置くと，
$(A+2)(A-6)$
$=A^2-4A-12$
$=(xy)^2-4\times xy-12$
$=x^2y^2-4xy-12$

(3)$(4a-3b)^2$
$=(4a)^2-2\times3b\times4a+(3b)^2$
$=16a^2-24ab+9b^2$

(4)$(6+3x)(3x-2)=(3x+6)(3x-2)$
$3x$をAと置くと，
$(A+6)(A-2)$
$=A^2+4A-12$
$=(3x)^2+4\times3x-12$
$=9x^2+12x-12$

7 (1)$4x+11$　(2)$2x^2-10x+16$
(3)$x^2-2xy+y^2+3x-3y-4$
(4)$a^2-2ab+b^2+10a-10b+25$

解き方

(1)$(x+3)(x+5)-(x+2)^2$
$=x^2+8x+15-(x^2+4x+4)$
$=x^2+8x+15-x^2-4x-4$
$=4x+11$

(2)$(x-5)^2+(x+3)(x-3)$
$=x^2-10x+25+x^2-9$
$=2x^2-10x+16$

(3)$(x-y+4)(x-y-1)$
$x-y$をAと置くと，
$(A+4)(A-1)$
$=A^2+3A-4$
$=(x-y)^2+3(x-y)-4$
$=x^2-2xy+y^2+3x-3y-4$

(4)$(a-b+5)^2$
$a-b$をAと置くと，
$(A+5)^2$
$=A^2+10A+25$
$=(a-b)^2+10(a-b)+25$
$=a^2-2ab+b^2+10a-10b+25$

8 (1)-8　(2)120

解き方

(1)$(x+y)^2-(x-y)^2$
$=x^2+2xy+y^2-(x^2-2xy+y^2)$
$=x^2+2xy+y^2-x^2+2xy-y^2$
$=4xy$

この式に，$x=4$，$y=-\dfrac{1}{2}$を代入すると，
$4xy=4\times4\times\left(-\dfrac{1}{2}\right)$
$=-8$

(2)$(2x+y)^2+(2x-y)(2x+y)$
  $=4x^2+4xy+y^2+4x^2-y^2$
  $=8x^2+4xy$

  この式に，$x=4$，$y=-\dfrac{1}{2}$を代入すると，

  $8x^2+4xy$
  $=8\times4^2+4\times4\times\left(-\dfrac{1}{2}\right)$
  $=128-8$
  $=120$

(1)**1，8** (2)**2，4**

(1)公式1　$(x+a)(x+b)=x^2+(a+b)x+ab$で，
  $a=7$，$ab=7$から，$b=1$
(2)公式3　$(x-a)^2=x^2-2ax+a^2$で，$2a=4$から，
  $a=2$

理解のコツ
・式の形を見て，展開の公式1～4のどれを使えばよいかをよく考え，正しく使えるようになろう。特に，かっこの前に－の符号があるときは，計算をまちがえやすいので，暗算にたよらず，ていねいに途中の式も書くようにしよう。

p.15　ぴたトレ1

1 (1)$3(x-3)$　(2)$x(x+1)$
  (3)$5b(a+4c)$　(4)$xy(x-7)$

多項式の各項に共通な因数があるときには，分配法則を使って共通な因数をかっこの外にくくり出せます。
(1)共通な因数は3だから，3でくくります。
(2)共通な因数はxだから，xでくくります。
(3)共通な因数は$5b$だから，$5b$でくくると，
  $5ab+20bc=5b(a+4c)$
  bだけでくくって，$b(5a+20c)$とするミスに注意しましょう。
(4)共通な因数はxyだから，xyでくくると，
  $x^2y-7xy=xy(x-7)$

2 (1)1と−8，2と−4，4と−2，8と−1
  (2)4と−2
  (3)$(x+4)(x-2)$

$x^2+(a+b)x+ab$の，$ab=-8$，$a+b=2$になる整数の組を見つけます。4と−2だから，
$x^2+2x-8=(x+4)(x-2)$

3 (1)$(x+1)(x+4)$　(2)$(x-2)(x-5)$
  (3)$(x+7)(x-5)$　(4)$(x+3)(x-4)$
  (5)$(x+6)^2$　(6)$(x-7)^2$
  (7)$(x+9)(x-9)$　(8)$(x+3)(x-3)$

公式1′　$x^2+(a+b)x+ab=(x+a)(x+b)$
(1)積が4で，和が5になる整数の組は，1と4
(2)積が10で，和が−7になる整数の組は，−2と−5
(3)積が−35で，和が2になる整数の組は，7と−5
(4)積が−12で，和が−1になる整数の組は，3と−4
公式2′　$x^2+2ax+a^2=(x+a)^2$
公式3′　$x^2-2ax+a^2=(x-a)^2$
(5)公式2′で$a^2=36$，$2a=12$より，$a=6$
  よって，$x^2+12x+36=(x+6)^2$
(6)公式3′で$a^2=49$，$2a=14$より，$a=7$
  よって，$x^2-14x+49=(x-7)^2$
公式4′　$x^2-a^2=(x+a)(x-a)$
(7)公式4′で$a^2=81$より，$a=9$
  よって，$x^2-81=(x+9)(x-9)$
(8)$-9+x^2=x^2-9$
  公式4′で$a^2=9$より，$a=3$
  よって，$-9+x^2=x^2-9=(x+3)(x-3)$

p.17　ぴたトレ1

1 (1)$2(x+1)(x+7)$　(2)$5(a-3)^2$
  (3)$(b-1)(2a+3)$　(4)$(y-6)(x+1)$

共通な因数をくくり出してから，因数分解します。
(1)$2x^2+16x+14=2(x^2+8x+7)$
  積が7で，和が8になる整数の組は，1と7なので，$2(x+1)(x+7)$
(2)$5a^2-30a+45=5(a^2-6a+9)$
  $\qquad\qquad\qquad=5(a-3)^2$
(3)$2a(b-1)+3b-3=2a(b-1)+3(b-1)$
  $b-1$をAと置くと，
  $2aA+3A=A(2a+3)$
  $\qquad\quad=(b-1)(2a+3)$
(4)$xy-6x+y-6=x(y-6)+(y-6)$
  $y-6$をAと置くと，
  $xA+A=A(x+1)$
  $\qquad=(y-6)(x+1)$

2 (1)$(2x-5)^2$　(2)$(3x+4)^2$

(3)$(4a+7)(4a-7)$　(4)$(5x-3y)^2$

解き方
(1)$4x^2-20x+25=(2x)^2-2\times5\times2x+5^2$
$=(2x-5)^2$
(2)$9x^2+24x+16=(3x)^2+2\times4\times3x+4^2$
$=(3x+4)^2$
(3)$16a^2-49=(4a)^2-7^2$
$=(4a+7)(4a-7)$
(4)$25x^2-30xy+9y^2=(5x)^2-2\times3y\times5x+(3y)^2$
$=(5x-3y)^2$

3 (1)$(x+4)(x+7)$　(2)$(x-4)(x-9)$

(3)$(x-2)^2$　(4)$(a+7)(a-1)$

解き方
(1)$(x+2)^2+7(x+2)+10$
$x+2$をAと置くと，
$A^2+7A+10=(A+2)(A+5)$
$=\{(x+2)+2\}\{(x+2)+5\}$
$=(x+4)(x+7)$
(2)$(x-5)^2-3(x-5)-4$
$x-5$をAと置くと，
$A^2-3A-4=(A+1)(A-4)$
$=\{(x-5)+1\}\{(x-5)-4\}$
$=(x-4)(x-9)$
(3)$(x+4)^2-12(x+4)+36$
$x+4$をAと置くと，
$A^2-12A+36=(A-6)^2$
$=\{(x+4)-6\}^2$
$=(x-2)^2$
(4)$(a+3)^2-16=(a+3)^2-4^2$
$=(a+3+4)(a+3-4)$
$=(a+7)(a-1)$

4 (1)6200　(2)2512

解き方
因数分解の公式4' $x^2-a^2=(x+a)(x-a)$を使って，工夫して計算します。
(1)81^2-19^2
$=(81+19)(81-19)$
$=100\times62$
$=6200$
(2)$45^2\times3.14-35^2\times3.14$
$=(45^2-35^2)\times3.14$
$=(45+35)(45-35)\times3.14$
$=80\times10\times3.14$
$=2512$

5 8100

解き方
式を因数分解してから，数を代入します。
$x^2+y^2+2xy=x^2+2xy+y^2$
$=(x+y)^2$
$=(59+31)^2$
$=90^2$
$=8100$

p.19 ぴたトレ**1**

1 (1)$2n+2$
(2)$2n(2n+2)+1$
$=4n^2+4n+1$
$=(2n+1)^2$
nは整数だから，$2n+1$は奇数である。
よって，連続する2つの偶数の積に1を加えた数は，奇数の2乗になる。

解き方
(1)大きいほうの偶数は小さいほうの偶数より2大きいので，$2n+2$と表せます。

2 nを整数とするとき，連続する2つの奇数を$2n-1$，$2n+1$とすると，
$(2n-1)(2n+1)+1=4n^2-1+1$
$=4n^2$
nは整数だから，$4n^2$は4の倍数である。
よって，連続する2つの奇数の積に1を加えると，4の倍数になる。

解き方
小さいほうの奇数を$2n-1$とすると，大きいほうの奇数は$2n-1+2=2n+1$と表せます。

3 (1)a^2-b^2
(2)図1の色のついた部分の面積は，a^2-b^2と表せる。また，図2の長方形の面積は，
$(a+b)(a-b)=a^2-b^2$である。
よって，2つの面積は等しい。

解き方
(1)(大きい正方形の面積)−(小さい正方形の面積)
より，a^2-b^2と表せます。
(2)図2の長方形の面積もa，bを使って表します。

p.20〜21 ぴたトレ**2**

1 (1)$m(x-2)$　(2)$7a(b-2c)$
(3)$3ab(a-2b-c)$　(4)$x^2y(3x+y^2-1)$

解き方
(1)共通な因数はmだから，mでくくり出すと，
$mx-2m=m(x-2)$
(2)共通な因数は$7a$だから，$7a$でくくり出すと，
$7ab-14ac=7a(b-2c)$

(3)共通な因数は $3ab$ だから，$3ab$ でくくると，
$$3a^2b-6ab^2-3abc=3ab(a-2b-c)$$
(4)共通な因数は x^2y だから，x^2y でくくると，
$$3x^3y+x^2y^3-x^2y=x^2y(3x+y^2-1)$$

2 (1)$(x+2)(x-4)$　(2)$(y+3)(y-5)$

(3)$(x-3y)^2$　(4)$\left(x+\dfrac{1}{2}\right)^2$

(5)$(2+a)(2-a)$　(6)$\left(y+\dfrac{1}{7}\right)\left(y-\dfrac{1}{7}\right)$

解き方

(1)x^2-2x-8
積が -8 で，和が -2 になる整数の組は，2 と
-4 なので，$(x+2)(x-4)$
(2)$y^2-2y-15$
積が -15 で，和が -2 になる整数の組は，3 と
-5 なので，$(y+3)(y-5)$
(3)$x^2-6xy+9y^2$
$=x^2-2\times 3y\times x+(3y)^2$
$=(x-3y)^2$
(4)$x^2+x+\dfrac{1}{4}$
$=x^2+2\times\dfrac{1}{2}\times x+\left(\dfrac{1}{2}\right)^2$
$=\left(x+\dfrac{1}{2}\right)^2$
(5)公式4′で $x^2=4$ より，$x=2$
よって，$4-a^2=(2+a)(2-a)$
(6)公式4′ より，
$$y^2-\dfrac{1}{49}=y^2-\left(\dfrac{1}{7}\right)^2$$
$$=\left(y+\dfrac{1}{7}\right)\left(y-\dfrac{1}{7}\right)$$

3 (1)$(a+3)(a-4)$　(2)$2(x+4)(x-3)$
(3)$2y(2x+3y)(2x-3y)$　(4)$3(x-5)^2$

解き方

(1)$-a-12+a^2=a^2-a-12$
積が -12 で，和が -1 になる整数の組は，3 と
-4 なので，$(a+3)(a-4)$
(2)$2x^2+2x-24=2(x^2+x-12)$
積が -12 で，和が 1 になる整数の組は，4 と
-3 なので，$2(x+4)(x-3)$
(3)$8x^2y-18y^3$
$=2y(4x^2-9y^2)$
$=2y(2x+3y)(2x-3y)$
(4)$3x^2-30x+75$
$=3(x^2-10x+25)$
$=3(x-5)^2$

4 (1)$4a(a-2)$　(2)$(y-1)(x+2)$
(3)$(x+2y-5)(x-2y-5)$
(4)$(a+b+6)(a-b-6)$

解き方

(1)$(2a+1)^2-6(2a+1)+5$
$2a+1$ を A と置くと，
$A^2-6A+5=(A-1)(A-5)$
$=\{(2a+1)-1\}\{(2a+1)-5\}$
$=2a(2a-4)=4a(a-2)$
(2)$xy-x+2y-2$
$=x(y-1)+2(y-1)$
$y-1$ を A と置くと，
$xA+2A=A(x+2)$
$=(y-1)(x+2)$
(3)$x^2-10x+25-4y^2$
$=(x^2-10x+25)-4y^2$
$=(x-5)^2-(2y)^2$
$=\{(x-5)+2y\}\{(x-5)-2y\}$
$=(x+2y-5)(x-2y-5)$
(4)$a^2-b^2-12b-36$
$=a^2-(b^2+12b+36)$
$=a^2-(b+6)^2$
$=\{a+(b+6)\}\{a-(b+6)\}$
$=(a+b+6)(a-b-6)$

5 -10000

解き方

$-x^2+2xy-y^2$
$=-(x^2-2xy+y^2)$
$=-(x-y)^2$
この式に，$x=107$，$y=7$ を代入すると，
$-(x-y)^2$
$=-(107-7)^2$
$=-100^2$
$=-10000$

6 連続する 2 つの奇数を，n を整数として，
$2n-1$，$2n+1$ とすると，
$(2n+1)^2-(2n-1)^2$
$=4n^2+4n+1-(4n^2-4n+1)$
$=4n^2+4n+1-4n^2+4n-1$
$=8n$

n は整数だから，$8n$ は 8 の倍数である。
よって，連続する 2 つの奇数の 2 乗の差は，8
の倍数になる。

解き方
（大きいほうの奇数）$^2-$（小さいほうの奇数）^{2} が $8\times$
（整数）になることを証明します。

7 $4\pi xy$

解き方 ACを直径とする半円の面積は，直径が$4x$だから，半径は$2x$

半円の面積は，$\pi \times (2x)^2 \times \dfrac{1}{2} = 2\pi x^2$

CBを直径とする半円の面積は，直径が$4y$だから，半径は$2y$

半円の面積は，$\pi \times (2y)^2 \times \dfrac{1}{2} = 2\pi y^2$

ABを直径とする半円の面積は，直径が$4x+4y$だから，半径は$2x+2y$

半円の面積は，$\pi \times (2x+2y)^2 \times \dfrac{1}{2}$

$= \pi \times (4x^2 + 8xy + 4y^2) \times \dfrac{1}{2}$

$= 2\pi x^2 + 4\pi xy + 2\pi y^2$

色のついた部分の面積は，

$\quad 2\pi x^2 + 4\pi xy + 2\pi y^2 - 2\pi x^2 - 2\pi y^2$

$= 4\pi xy$

8 道の面積は，

$S = (a+2b)^2 - a^2$

$\quad = a^2 + 4ab + 4b^2 - a^2$

$\quad = 4ab + 4b^2$

$\quad = 4b(a+b) \cdots ①$

ℓをa，bを使って表すと，

$\ell = 4(a+b)$より，$a+b = \dfrac{\ell}{4} \cdots ②$

②を①に代入すると，

$S = 4b \times \dfrac{\ell}{4}$から，$S = b\ell$

解き方 道の面積S，真ん中を通る線ℓをそれぞれa，bを使って表し，共通な式を置きかえて考えます。

9 縦$(x-2)$ cm，横$(x+4)$ cm

解き方 図形の面積は，右の図のように①，②に分けられます。

①の面積は，x^2

②の面積は，$2(x-4) = 2x-8$

よって，図形の面積は，$x^2 + 2x - 8$

これを因数分解すると，$(x+4)(x-2)$

縦の長さは横の長さより短いので，$(x-2)$ cm

横の長さは，$(x+4)$ cm

$(x+2)$cm
$(x-4)$cm
$x$cm
①
②
2cm
$x$cm

理解のコツ

・数の性質を証明する問題は，証明する数を文字に表し，問題文から式をつくろう。

・式の計算を利用して証明するときは，証明できる形に式を変形しよう。

p.22〜23　　　　　　　　　　ぴたトレ**3**

❶ $(1) -8a^2b + 10ab^2$　$(2) 5-2y$

解き方 $(1) -2ab(4a-5b)$

$\quad = -2ab \times 4a - 2ab \times (-5b)$

$\quad = -8a^2b + 10ab^2$

$(2) (15xy - 6xy^2) \div 3xy$

$\quad = \dfrac{15xy}{3xy} - \dfrac{6xy^2}{3xy}$

$\quad = 5 - 2y$

❷ $(1) 2x^2 + 9x - 5$　$(2) x^2 + 7x - 18$

$(3) x^2 - 7x - 8$　$(4) y^2 - \dfrac{2}{3}y + \dfrac{1}{9}$

$(5) b^2 - 64$　$(6) 9x^2 - 21x + 6$

$(7) 4a^2 + 20a + 25$　$(8) -12x - 28$

$(9) x^2 - y^2 + 4y - 4$

解き方 $(1) (x+5)(2x-1)$

$\quad = x \times 2x + x \times (-1) + 5 \times 2x + 5 \times (-1)$

$\quad = 2x^2 - x + 10x - 5$

$\quad = 2x^2 + 9x - 5$

$(2) (x+9)(x-2)$

$\quad = x^2 + \{9 + (-2)\}x + 9 \times (-2)$

$\quad = x^2 + 7x - 18$

$(3) (x-8)(x+1)$

$\quad = x^2 + \{(-8) + 1\}x + (-8) \times 1$

$\quad = x^2 - 7x - 8$

$(4) \left(y - \dfrac{1}{3}\right)^2$

$\quad = y^2 - 2 \times \dfrac{1}{3} \times y + \left(\dfrac{1}{3}\right)^2$

$\quad = y^2 - \dfrac{2}{3}y + \dfrac{1}{9}$

$(5) (b+8)(b-8)$

$\quad = b^2 - 8^2$

$\quad = b^2 - 64$

$(6) (3x-1)(3x-6)$

$\quad 3x$をAと置くと，

$\quad (A-1)(A-6)$

$\quad = A^2 - 7A + 6$

$\quad = (3x)^2 - 7 \times 3x + 6$

$\quad = 9x^2 - 21x + 6$

$(7) (2a+5)^2$

$\quad = (2a)^2 + 2 \times 5 \times 2a + 5^2$

$\quad = 4a^2 + 20a + 25$

(8)$(x+1)(x-3)-(x+5)^2$
$=x^2-2x-3-(x^2+10x+25)$
$=x^2-2x-3-x^2-10x-25$
$=-12x-28$

(9)$(x-y+2)(x+y-2)$
$=\{x-(y-2)\}\{x+(y-2)\}$
$y-2$をAと置くと,
$(x-A)(x+A)$
$=x^2-A^2$
$=x^2-(y-2)^2$
$=x^2-y^2+4y-4$

❸ (1)89999 (2)248004

(1)$301\times299=(300+1)(300-1)$
$\qquad\qquad\quad=300^2-1^2$
$\qquad\qquad\quad=90000-1$
$\qquad\qquad\quad=89999$

(2)$498^2=(500-2)^2$
$\qquad\quad=500^2-2\times2\times500+2^2$
$\qquad\quad=250000-2000+4$
$\qquad\quad=248004$

❹ (1)① 6 ② 36 (2)① $\dfrac{1}{16}$ ② $\dfrac{1}{4}$

(1)公式3 $(x-a)^2=x^2-2ax+a^2$で,
$2a=12$から, $a=6$, $a^2=36$

(2)公式2′ $x^2+2ax+a^2=(x+a)^2$で,
$2a=\dfrac{1}{2}$から, $a=\dfrac{1}{4}$, $a^2=\dfrac{1}{16}$

❺ (1)$3xy(5x-y)$ (2)$(x+3)(x-8)$
(3)$(3x+7)(3x-7)$ (4)$(x-8)^2$
(5)$2(x+3y)(x-3y)$ (6)$3a(b+4)^2$
(7)$(x+7y)(x-3y)$ (8)$(y+1)(y-10)$
(9)$(a-4)(b+6)$ (10)$(a-3b)(a+3b-1)$

(1)$15x^2y-3xy^2$
共通な因数は$3xy$だから, $3xy$でくくると,
$15x^2y-3xy^2=3xy(5x-y)$

(2)$x^2-5x-24$
積が-24で, 和が-5になる整数の組は,
3と-8なので, $(x+3)(x-8)$

(3)$9x^2-49$
$=(3x)^2-7^2$
$=(3x+7)(3x-7)$

(4)$x^2-16x+64$
$=x^2-2\times8\times x+8^2$
$=(x-8)^2$

(5)$2x^2-18y^2$
$=2(x^2-9y^2)$
$=2\{x^2-(3y)^2\}$
$=2(x+3y)(x-3y)$

(6)$3ab^2+24ab+48a$
$=3a(b^2+8b+16)$
$=3a(b+4)^2$

(7)$x^2+4xy-21y^2$
$=x^2+\{(+7y)+(-3y)\}x+(+7y)\times(-3y)$
$=(x+7y)(x-3y)$

(8)$(y-2)^2-5(y-2)-24$
$y-2$をAと置くと,
$A^2-5A-24=(A+3)(A-8)$
$=\{(y-2)+3\}\{(y-2)-8\}$
$=(y+1)(y-10)$

(9)$ab-4b+6a-24$
$=b(a-4)+6(a-4)$
$=(a-4)(b+6)$

(10)a^2-9b^2-a+3b
$=a^2-(3b)^2-(a-3b)$
$=(a+3b)(a-3b)-(a-3b)$
$a-3b$をAと置くと,
$(a+3b)A-A$
$=A(a+3b-1)$
$=(a-3b)(a+3b-1)$

❻ nを整数とし, 連続する3つの整数を, $n-1$, n, $n+1$とすると,
$\quad(n-1)n(n+1)+n$
$=n(n-1)(n+1)+n$
$=n(n^2-1)+n$
$=n^3-n+n$
$=n^3$
よって, 連続する3つの整数の積に真ん中の数を加えた数は, 真ん中の数の3乗になる。

解き方 真ん中の数をnとすると, 3つの連続する整数は, $n-1$, n, $n+1$と表せます。

❼ $\pi a^2-\pi b^2=\pi(a^2-b^2)$
$\qquad\qquad\ =\pi(a+b)(a-b)$

解き方 大きい円の面積から小さい円の面積をひくと, 色のついた部分の面積になります。

p.25 ぴたトレ**0**

① (1)4 　(2)25 　(3)16 　(4)100 　(5)0.01

(6)1.69 　(7)$\dfrac{4}{9}$ 　(8)$\dfrac{9}{16}$

解き方
$(-a)^2$と$-a^2$は違うので，注意しましょう。
$(-a)^2=(-a)\times(-a)=a^2$
$-a^2=-(a\times a)=-a^2$
$(4)(-10)^2=(-10)\times(-10)=100$
$(5)0.1^2=0.1\times0.1=0.01$
$(8)\left(-\dfrac{3}{4}\right)^2=\left(-\dfrac{3}{4}\right)\times\left(-\dfrac{3}{4}\right)=\dfrac{9}{16}$

② (1)0.4 　(2)0.75 　(3)0.625 　(4)0.15

(5)3.2 　(6)0.24

解き方
分数を小数で表すには，分子を分母でわった式
$\dfrac{b}{a}=b\div a$を使います。
$(3)\dfrac{5}{8}=5\div8=0.625$

$(6)\dfrac{6}{25}=6\div25=0.24$

p.27 ぴたトレ**1**

① (1)±4 　(2)±1 　(3)±0.5 　(4)$\pm\dfrac{1}{3}$

解き方
正の数には平方根が2つあって，それらの絶対値
は等しく，符号は異なります。
(1)16は，+4または−4を2乗した数だから，平
　 方根は±4です。+4と−4の絶対値は4で，等
　 しいです。
(2)1は，+1または−1を2乗した数だから，平方
　 根は±1です。
(3)0.25は，+0.5または−0.5を2乗した数だから，
　 平方根は±0.5です。
(4)$\dfrac{1}{9}$は，$+\dfrac{1}{3}$または$-\dfrac{1}{3}$を2乗した数だから，平
　 方根は$\pm\dfrac{1}{3}$です。

② (1)$\pm\sqrt{6}$ 　(2)$\pm\sqrt{19}$ 　(3)$\pm\sqrt{0.5}$ 　(4)$\pm\sqrt{\dfrac{1}{3}}$

解き方
正の数aの平方根は，正のほうの$\sqrt{a}$と負のほうの
$-\sqrt{a}$の2つがあります。これらをまとめて，$\pm\sqrt{a}$
と表します。

③ (1)7 　(2)−2 　(3)$-\dfrac{3}{8}$

(4)0.3 　(5)−3 　(6)4

解き方
根号の中がある数の2乗になれば，根号を使わず
に表すことができます。$a>0$のとき，$\sqrt{a^2}=a$
$(1)\sqrt{49}=\sqrt{7^2}=7$
$(2)-\sqrt{4}=-\sqrt{2^2}=-2$
$(3)-\sqrt{\dfrac{9}{64}}=-\sqrt{\left(\dfrac{3}{8}\right)^2}=-\dfrac{3}{8}$
$(4)\sqrt{0.09}=\sqrt{0.3^2}=0.3$
$(5)-\sqrt{3^2}=-\sqrt{9}=-3$
$(6)\sqrt{(-4)^2}=\sqrt{16}=\sqrt{4^2}=4$

④ (1)15 　(2)64 　(3)$\dfrac{3}{5}$ 　(4)0.07

解き方
$\sqrt{a}$，$-\sqrt{a}$を2乗するとaになります。
$(1)(\sqrt{15})^2=\sqrt{15}\times\sqrt{15}=15$
$(2)(-\sqrt{64})^2=(-\sqrt{64})\times(-\sqrt{64})=64$
$(4)(-\sqrt{0.07})^2=(-\sqrt{0.07})\times(-\sqrt{0.07})=0.07$

p.29 ぴたトレ**1**

① (1)$\sqrt{13}>\sqrt{11}$ 　(2)$8>\sqrt{63}$

(3)$-\sqrt{17}<-\sqrt{10}$ 　(4)$-\sqrt{35}>-6$

解き方
a，bが正の数で，$a<b$ならば$\sqrt{a}<\sqrt{b}$です。
(1)根号の中の数の大小を比べます。
$(2)8^2=64$，$(\sqrt{63})^2=63$
　 $64>63$だから，$\sqrt{64}>\sqrt{63}$　よって，$8>\sqrt{63}$
(3)負の数では，絶対値が大きくなるほど数の大き
　 さは小さくなります。
　 $17>10$だから，$-\sqrt{17}<-\sqrt{10}$
$(4)(\sqrt{35})^2=35$，$6^2=36$　$35<36$だから，$\sqrt{35}<6$
　 よって，$-\sqrt{35}>-6$

② (1)1，0 　(2)2.31×10^3m

解き方
(1)測定値の中で信頼できる数字を有効数字といい
　 ます。10gの位まで測っているので，1，0が有
　 効数字です。
(2)有効数字は2，3，1で，一の位の0は信頼でき
　 る数字ではありません。

③ 有理数：⑦，⑤

無理数：⑦，⑥

解き方
根号がつくものとπが無理数です。
⑤は，$\sqrt{\dfrac{4}{25}}=\sqrt{\left(\dfrac{2}{5}\right)^2}=\dfrac{2}{5}$
分数で表すことができるので，有理数です。

4 ④

0.25などのように，終わりのある小数を有限小数といい，終わりがなくどこまでも続く小数を無限小数といいます。また，0.502502…などのように，いくつかの小数が同じ順序でくり返し現れる小数を循環小数といいます。

⑦ $\dfrac{24}{9}=2.666\cdots=2.\dot{6}$

④ $\dfrac{11}{4}=2.75$

⑦ $\dfrac{4}{33}=0.1212\cdots=0.\dot{1}\dot{2}$

p.30〜31 **ぴたトレ2**

1 (1)$\sqrt{3}$ cm　(2)**1.73cm**

(1)半径を$r$cmとすると，
　$\pi r^2=3\pi$より，$r^2=3$
　$r>0$，よって，半径は$\sqrt{3}$ cm
(2)$\sqrt{3}=1.7320508\cdots$

2 (1)±8　(2)$\pm\sqrt{0.7}$　(3)$\pm\dfrac{5}{7}$　(4)$\pm\sqrt{\dfrac{1}{3}}$

正の数には平方根が2つあります。
(1)64は，$+8$または-8を2乗した数だから，
　平方根は±8
(3)$\dfrac{25}{49}$は，$+\dfrac{5}{7}$または$-\dfrac{5}{7}$を2乗した数だから，

　平方根は$\pm\dfrac{5}{7}$

3 (1)**14**　(2)-30　(3)**0.7**　(4)**20**

(1)$\sqrt{196}=\sqrt{14^2}=14$
(2)$-\sqrt{900}=-\sqrt{30^2}=-30$
(3)$a>0$のとき，$\sqrt{a^2}=a$だから，$\sqrt{0.7^2}=0.7$
(4)$(-\sqrt{20})^2=(-\sqrt{20})\times(-\sqrt{20})=20$

4 (1)$\sqrt{80}<9$　(2)$2<\sqrt{5}$

(3)$\dfrac{1}{5}<\sqrt{\dfrac{1}{5}}$　(4)$-\sqrt{\dfrac{1}{3}}<-0.3$

(1)$(\sqrt{80})^2=80$，$9^2=81$　$80<81$だから，
　$\sqrt{80}<\sqrt{81}$　よって，$\sqrt{80}<9$
(2)$2^2=4$，$(\sqrt{5})^2=5$　$4<5$だから，$\sqrt{4}<\sqrt{5}$
　　よって，$2<\sqrt{5}$
(3)$\left(\dfrac{1}{5}\right)^2=\dfrac{1}{25}$，$\left(\sqrt{\dfrac{1}{5}}\right)^2=\dfrac{1}{5}$

　　$\dfrac{1}{25}<\dfrac{1}{5}$だから，$\sqrt{\dfrac{1}{25}}<\sqrt{\dfrac{1}{5}}$

　　よって，$\dfrac{1}{5}<\sqrt{\dfrac{1}{5}}$

---

(4)$\left(\sqrt{\dfrac{1}{3}}\right)^2=\dfrac{1}{3}$，$0.3^2=\left(\dfrac{3}{10}\right)^2=\dfrac{9}{100}$

　　$\dfrac{1}{3}=\dfrac{100}{300}$，$\dfrac{9}{100}=\dfrac{27}{300}$より，$\dfrac{100}{300}>\dfrac{27}{300}$

　　$\dfrac{1}{3}>\dfrac{9}{100}$だから，$\sqrt{\dfrac{1}{3}}>0.3$

　　よって，$-\sqrt{\dfrac{1}{3}}<-0.3$

5 (1)$2.5\leqq a<3.5$　(2)$0.405\leqq a<0.415$

どの位で四捨五入した値かを考えます。
(1)小数第1位を四捨五入しています。真の値aが
　最も小さいときは$a=2.5$です。$a=3.5$のとき，
　四捨五入すると4になるから，aは3.5より小さ
　いです。aの範囲は$2.5\leqq a<3.5$です。
(2)小数第3位を四捨五入しています。

6 $\dfrac{1}{5}：A$　$-5：B$　$5：C$　$0.5：A$　$\sqrt{5}：D$

$\dfrac{1}{5}$は分数なので，有理数です。
自然数は，整数のうち正の整数のみです。-5は
負の整数なので整数，5は正の整数なので，自然
数です。
0.5は$\dfrac{5}{10}$と分数で表すことができるので，有理数

です。
$\sqrt{5}=2.236\cdots$なので，無理数です。

7 **5，6，7，8**

それぞれの辺を2乗すると，
$4<a<9$より，aは5，6，7，8

8 ＋，＋，×

両辺を2乗すると，1□9□9□6＝64
9×6＝54がなければ64にならないことから，
1＋9＋9×6が導き出されます。

9 (1)**3，4，5**　(2)**7**　(3)$a=-9$

(1)$\sqrt{4}<\sqrt{7}<\sqrt{9}$から，3以上で，
　$\sqrt{25}<\sqrt{30}<\sqrt{36}$から，5以下の整数です。
(2)$\sqrt{49}<\sqrt{50}<\sqrt{64}$から，$7<\sqrt{50}<8$
(3)$\sqrt{64}<\sqrt{69}<\sqrt{81}$から，$8<\sqrt{69}<9$
　　よって，$-9<-\sqrt{69}<-8$

10 $a=\sqrt{5}-2$

$\sqrt{4}<\sqrt{5}<\sqrt{9}$から，整数部分の値は2です。
$\sqrt{5}=2+a$より，$a=\sqrt{5}-2$

・平方根の性質をおさえておこう。平方根は，0以外の正の数には2つあり，絶対値が等しい。

・根号がついた数の大小を比べるには，2乗して，根号をなくしてから比べよう。

1 $(1)\sqrt{22}$　$(2)\sqrt{21}$　$(3)\sqrt{2}$　$(4)3$

解き方

$(1)\sqrt{2}\times\sqrt{11}=\sqrt{2\times11}=\sqrt{22}$

$(2)\sqrt{7}\times\sqrt{3}=\sqrt{7\times3}=\sqrt{21}$

$(3)\sqrt{12}\div\sqrt{6}=\dfrac{\sqrt{12}}{\sqrt{6}}=\sqrt{\dfrac{12}{6}}=\sqrt{2}$

$(4)\sqrt{27}\div\sqrt{3}=\dfrac{\sqrt{27}}{\sqrt{3}}=\sqrt{\dfrac{27}{3}}=\sqrt{9}=3$

2 $(1)\sqrt{54}$　$(2)\sqrt{80}$

解き方

$(1)3\sqrt{6}=\sqrt{3^2\times6}=\sqrt{54}$

$(2)4\sqrt{5}=\sqrt{4^2\times5}=\sqrt{80}$

3 $(1)4\sqrt{6}$　$(2)7\sqrt{3}$

解き方

根号の中の数を素因数分解して，2乗を因数にもっている数を見つけます。

$(1)\sqrt{96}=\sqrt{4^2\times6}=\sqrt{4^2}\times\sqrt{6}=4\sqrt{6}$

$(2)\sqrt{147}=\sqrt{7^2\times3}=7\sqrt{3}$

4 $(1)\dfrac{\sqrt{2}}{5}$　$(2)\dfrac{\sqrt{6}}{10}$

解き方

$(1)\sqrt{\dfrac{2}{25}}=\dfrac{\sqrt{2}}{\sqrt{25}}=\dfrac{\sqrt{2}}{5}$

$(2)\sqrt{0.06}=\sqrt{\dfrac{6}{100}}=\dfrac{\sqrt{6}}{\sqrt{100}}=\dfrac{\sqrt{6}}{10}$

5 $(1)\dfrac{\sqrt{6}}{3}$　$(2)\dfrac{\sqrt{5}}{4}$

解き方

分母に根号のある式を，その値を変えないで分母に根号のない形になおすことを，分母を有理化するといいます。

$(1)\dfrac{\sqrt{2}}{\sqrt{3}}=\dfrac{\sqrt{2}\times\sqrt{3}}{\sqrt{3}\times\sqrt{3}}=\dfrac{\sqrt{6}}{3}$

$(2)\dfrac{5}{4\sqrt{5}}=\dfrac{5\times\sqrt{5}}{4\sqrt{5}\times\sqrt{5}}=\dfrac{5\sqrt{5}}{20}=\dfrac{\sqrt{5}}{4}$

6 $(1)14.14$　$(2)0.1414$

解き方

根号の中の数の小数点が2桁ずれるごとに，平方根の値の小数点は同じ向きに1桁ずつずれます。

$(1)\sqrt{200}=\sqrt{2\times100}=\sqrt{2}\times10=1.414\times10$

$(2)\sqrt{0.02}=\sqrt{2\times\dfrac{1}{100}}=\sqrt{2}\times\dfrac{1}{10}=1.414\times\dfrac{1}{10}$

1 $(1)2\sqrt{39}$　$(2)10\sqrt{15}$　$(3)3\sqrt{5}$　$(4)-3$

解き方

$(1)\sqrt{6}\times\sqrt{26}=\sqrt{2\times3}\times\sqrt{2\times13}$
$\qquad=2\times\sqrt{3}\times\sqrt{13}=2\sqrt{39}$

$(2)\sqrt{75}\times\sqrt{20}=5\sqrt{3}\times2\sqrt{5}$
$\qquad=5\times2\times\sqrt{3}\times\sqrt{5}=10\sqrt{15}$

$(3)9\sqrt{15}\div3\sqrt{3}=\dfrac{9\sqrt{15}}{3\sqrt{3}}=3\times\sqrt{\dfrac{15}{3}}=3\sqrt{5}$

$(4)\sqrt{108}\div(-2\sqrt{3})=-\dfrac{6\sqrt{3}}{2\sqrt{3}}=-3$

2 $(1)\dfrac{21\sqrt{6}}{2}$　$(2)-3$　$(3)3$　$(4)-\dfrac{9\sqrt{7}}{4}$

解き方

$(1)\sqrt{98}\times3\sqrt{15}\div2\sqrt{5}$
$\quad=7\sqrt{2}\times3\sqrt{15}\div2\sqrt{5}$
$\quad=\dfrac{7\sqrt{2}\times3\sqrt{15}}{2\sqrt{5}}$
$\quad=\dfrac{21\sqrt{6}}{2}$

$(2)\dfrac{\sqrt{6}}{2}\div\sqrt{3}\times(-3\sqrt{2})$
$\quad=-\dfrac{\sqrt{6}\times3\sqrt{2}}{2\times\sqrt{3}}=-\dfrac{6\sqrt{3}}{2\sqrt{3}}=-3$

$(3)\sqrt{18}\div(-2\sqrt{27})\times(-\sqrt{54})$
$\quad=3\sqrt{2}\div(-6\sqrt{3})\times(-3\sqrt{6})$
$\quad=\dfrac{3\sqrt{2}\times3\sqrt{6}}{6\sqrt{3}}=\dfrac{18\sqrt{3}}{6\sqrt{3}}=3$

$(4)-\dfrac{3\sqrt{21}}{\sqrt{24}}\div\dfrac{\sqrt{56}}{8}\div\dfrac{4}{3\sqrt{7}}$
$\quad=-\dfrac{3\sqrt{21}}{2\sqrt{6}}\div\dfrac{2\sqrt{14}}{8}\div\dfrac{4}{3\sqrt{7}}$
$\quad=-\dfrac{3\sqrt{21}\times8\times3\sqrt{7}}{2\sqrt{6}\times2\sqrt{14}\times4}=-\dfrac{3\times1\times3\sqrt{7}}{2\sqrt{2}\times\sqrt{2}\times1}$
$\quad=-\dfrac{9\sqrt{7}}{4}$

3 $(1)7\sqrt{2}$　$(2)4\sqrt{3}$

$(3)2\sqrt{5}-2\sqrt{3}$　$(4)4\sqrt{3}+2\sqrt{6}$

解き方

分配法則を使って計算します。

$(1)3\sqrt{2}+4\sqrt{2}=(3+4)\sqrt{2}=7\sqrt{2}$

$(2)-6\sqrt{3}+10\sqrt{3}=(-6+10)\sqrt{3}=4\sqrt{3}$

$(3)6\sqrt{5}-2\sqrt{3}-4\sqrt{5}=(6-4)\sqrt{5}-2\sqrt{3}$
$\quad=2\sqrt{5}-2\sqrt{3}$

$(4)7\sqrt{3}+2\sqrt{6}-3\sqrt{3}=(7-3)\sqrt{3}+2\sqrt{6}$
$\quad=4\sqrt{3}+2\sqrt{6}$

4 $(1)5\sqrt{2}$　$(2)\sqrt{5}$　$(3)2\sqrt{3}$　$(4)-\sqrt{6}$

解き方

$(1)\sqrt{8}+\sqrt{18}=2\sqrt{2}+3\sqrt{2}=5\sqrt{2}$

$(2)\sqrt{125}-\sqrt{80}=5\sqrt{5}-4\sqrt{5}=\sqrt{5}$

$(3)\sqrt{27}+\sqrt{48}-\sqrt{75}=3\sqrt{3}+4\sqrt{3}-5\sqrt{3}=2\sqrt{3}$

$(4)\sqrt{96}-\sqrt{24}-\sqrt{54}=4\sqrt{6}-2\sqrt{6}-3\sqrt{6}=-\sqrt{6}$

1 (1)$6\sqrt{3}$　(2)$\dfrac{4\sqrt{10}}{5}$

解き方　分母を有理化してから計算します。根号の中の数も，できるだけ小さい自然数になるように変形しましょう。

(1)$\sqrt{75}+\dfrac{3}{\sqrt{3}}=5\sqrt{3}+\dfrac{3\sqrt{3}}{3}=5\sqrt{3}+\sqrt{3}=6\sqrt{3}$

(2)$\sqrt{10}-\sqrt{\dfrac{2}{5}}=\sqrt{10}-\dfrac{\sqrt{10}}{5}=\left(1-\dfrac{1}{5}\right)\times\sqrt{10}=\dfrac{4\sqrt{10}}{5}$

2 (1)$\sqrt{10}+2\sqrt{5}$　(2)$5-3\sqrt{5}$

(3)$6\sqrt{2}-4\sqrt{6}$　(4)$5+2\sqrt{2}$

解き方　分配法則を使って計算します。

(1)$\sqrt{2}(\sqrt{5}+\sqrt{10})=\sqrt{2}\times\sqrt{5}+\sqrt{2}\times\sqrt{10}$
$=\sqrt{10}+\sqrt{2}\times\sqrt{2\times5}$
$=\sqrt{10}+2\sqrt{5}$

(2)$\sqrt{5}(\sqrt{5}-3)=\sqrt{5}\times\sqrt{5}+\sqrt{5}\times(-3)$
$=5-3\sqrt{5}$

(3)$(\sqrt{6}-2\sqrt{2})\times\sqrt{12}=\sqrt{6}\times\sqrt{12}-2\sqrt{2}\times\sqrt{12}$
$=\sqrt{6}\times2\sqrt{3}-2\sqrt{2}\times2\sqrt{3}$
$=2\sqrt{18}-4\sqrt{6}$
$=2\times3\sqrt{2}-4\sqrt{6}$
$=6\sqrt{2}-4\sqrt{6}$

(4)$(\sqrt{75}+\sqrt{24})\times\dfrac{1}{\sqrt{3}}=\dfrac{\sqrt{75}}{\sqrt{3}}+\dfrac{\sqrt{24}}{\sqrt{3}}$
$=\sqrt{25}+\sqrt{8}$
$=5+2\sqrt{2}$

3 (1)$-\sqrt{6}$　(2)$10+2\sqrt{21}$

(3)$8-2\sqrt{15}$　(4)2

解き方　展開の公式に平方根を代入して計算します。

(1)$(x+a)(x+b)=x^2+(a+b)x+ab$
$(\sqrt{6}+2)(\sqrt{6}-3)$
$=(\sqrt{6})^2+\{2+(-3)\}\times\sqrt{6}+2\times(-3)$
$=6-\sqrt{6}-6$
$=-\sqrt{6}$

(2)$(x+a)^2=x^2+2ax+a^2$
$(\sqrt{7}+\sqrt{3})^2$
$=(\sqrt{7})^2+2\times\sqrt{3}\times\sqrt{7}+(\sqrt{3})^2$
$=7+2\sqrt{21}+3$
$=10+2\sqrt{21}$

(3)$(x-a)^2=x^2-2ax+a^2$
$(\sqrt{5}-\sqrt{3})^2$
$=(\sqrt{5})^2-2\times\sqrt{3}\times\sqrt{5}+(\sqrt{3})^2$
$=5-2\sqrt{15}+3$
$=8-2\sqrt{15}$

(4)$(x+a)(x-a)=x^2-a^2$
$(\sqrt{6}+2)(\sqrt{6}-2)$
$=(\sqrt{6})^2-2^2$
$=6-4$
$=2$

4 $2+8\sqrt{2}$

解き方　与えられた式を因数分解して，$x=\sqrt{2}+3$を代入します。

$x^2+2x-15=(x+5)(x-3)$
$=(\sqrt{2}+3+5)(\sqrt{2}+3-3)$
$=(\sqrt{2}+8)\times\sqrt{2}$
$=2+8\sqrt{2}$

5 $4\sqrt{3}$

解き方　$a^2-b^2=(a+b)(a-b)$
$=(\sqrt{3}+1+\sqrt{3}-1)(\sqrt{3}+1-\sqrt{3}+1)$
$=2\sqrt{3}\times2$
$=4\sqrt{3}$

1 (1)$4\sqrt{3}$ cm　(2)$3\sqrt{7}$ cm　(3)$7\sqrt{2}$ cm

解き方　(1)正方形の1辺の長さを$a$cmとすると，
$a=\sqrt{48}=4\sqrt{3}$となります。

(2)円の半径を$r$cmとすると，$\pi\times r^2=63\pi$なので，
$r^2=63$，$r>0$　よって，$r=\sqrt{63}=3\sqrt{7}$

(3)直角をはさむ1辺の長さを$a$cmとすると，
$a\times a\times\dfrac{1}{2}=49$　$a^2=98$，$a>0$
よって，$a=\sqrt{98}=7\sqrt{2}$

2 (1)$3\sqrt{2}$ cm　(2)$\sqrt{6}$ cm　(3)$2\sqrt{6}$ cm

解き方　1辺が$a$cmの正方形の面積をScm^{2}とすると，
$S=a^2$だから，$a=\sqrt{S}$になります。

(1)$\sqrt{18}=\sqrt{2\times3\times3}=3\sqrt{2}$

(3)$18+6=24$（cm^2）
$\sqrt{24}=\sqrt{2\times2\times6}=2\sqrt{6}$

3 $104-24\sqrt{6}$（cm^3）だけ小さくなる。

解き方　もとの直方体の底面の1辺を$x$cmとすると，つくった直方体との体積の差は，
$(x+1)^2\times(6-2)-x^2\times6=-2x^2+8x+4$
ここで，もとの直方体の底面積は54cm^{2}から，
$x=\sqrt{54}=3\sqrt{6}$
したがって，
$-2\times54+8\times3\sqrt{6}+4=-104+24\sqrt{6}$
$-104+24\sqrt{6}<0$なので，もとの直方体より
$104-24\sqrt{6}$（cm^3）だけ小さくなります。

1 $(1)6\sqrt{2}$ $(2)5\sqrt{5}$ $(3)12\sqrt{2}$

解き方
$(1)\sqrt{72}=\sqrt{6^2\times2}=6\sqrt{2}$
$(2)\sqrt{125}=\sqrt{5^2\times5}=5\sqrt{5}$
$(3)\sqrt{288}=\sqrt{12^2\times2}=12\sqrt{2}$

2 $(1)\,3\sqrt{5}$ $(2)\,2\sqrt{2}$ $(3)\dfrac{3\sqrt{3}}{5}$

解き方
$(1)\dfrac{15}{\sqrt{5}}=\dfrac{15\times\sqrt{5}}{\sqrt{5}\times\sqrt{5}}=\dfrac{15\sqrt{5}}{5}=3\sqrt{5}$
$(2)\dfrac{12}{\sqrt{18}}=\dfrac{12}{3\sqrt{2}}=\dfrac{4}{\sqrt{2}}=\dfrac{4\times\sqrt{2}}{\sqrt{2}\times\sqrt{2}}$
$\quad=\dfrac{4\sqrt{2}}{2}=2\sqrt{2}$
$(3)\dfrac{9}{\sqrt{75}}=\dfrac{9}{5\sqrt{3}}=\dfrac{9\times\sqrt{3}}{5\sqrt{3}\times\sqrt{3}}=\dfrac{9\sqrt{3}}{5\times3}=\dfrac{3\sqrt{3}}{5}$

3 $(1)0.002449$ $(2)24490$

解き方 (1)根号の中の数の小数点が6桁ずれると，平方根の値の小数点は3桁ずれます。

4 $(1)50$ $(2)-14\sqrt{2}$ $(3)18$ $(4)5$ $(5)\dfrac{1}{2}$

$(6)2$

解き方
$(3)\sqrt{6}\times\sqrt{54}=\sqrt{6}\times3\sqrt{6}=18$
$(4)\sqrt{150}\div\sqrt{6}=\dfrac{\sqrt{150}}{\sqrt{6}}=\sqrt{25}=5$
$(5)\sqrt{12}\div\sqrt{8}\div\sqrt{6}=\dfrac{\sqrt{12}}{\sqrt{8}\times\sqrt{6}}=\sqrt{\dfrac{12}{8\times6}}$
$\quad=\sqrt{\dfrac{1}{4}}=\dfrac{\sqrt{1}}{\sqrt{4}}=\dfrac{1}{2}$
$(6)\sqrt{32}\times\sqrt{3}\div2\sqrt{6}=\dfrac{\sqrt{32}\times\sqrt{3}}{2\sqrt{6}}=\dfrac{4\sqrt{2}\times\sqrt{3}}{2\sqrt{6}}$
$\quad=\dfrac{4\sqrt{6}}{2\sqrt{6}}=\dfrac{4}{2}=2$

5 $(1)2\sqrt{3}$ $(2)\sqrt{2}$ $(3)0$ $(4)\sqrt{2}$
$(5)-5\sqrt{2}-7\sqrt{5}$ $(6)-2\sqrt{3}-\sqrt{5}$

解き方
$(1)\sqrt{48}-\sqrt{27}+\sqrt{3}$
$\quad=4\sqrt{3}-3\sqrt{3}+\sqrt{3}=2\sqrt{3}$
$(2)\sqrt{18}-4\sqrt{2}+\sqrt{8}$
$\quad=3\sqrt{2}-4\sqrt{2}+2\sqrt{2}$
$\quad=\sqrt{2}$
$(3)\sqrt{75}-\sqrt{27}-\sqrt{12}$
$\quad=5\sqrt{3}-3\sqrt{3}-2\sqrt{3}$
$\quad=0$
$(4)\sqrt{50}-10\sqrt{2}+3\sqrt{8}$
$\quad=5\sqrt{2}-10\sqrt{2}+3\times2\sqrt{2}$
$\quad=5\sqrt{2}-10\sqrt{2}+6\sqrt{2}$
$\quad=\sqrt{2}$

$(5)\sqrt{18}+\sqrt{20}-3\sqrt{45}-2\sqrt{32}$
$\quad=3\sqrt{2}+2\sqrt{5}-9\sqrt{5}-8\sqrt{2}$
$\quad=-5\sqrt{2}-7\sqrt{5}$
$(6)\sqrt{12}-\sqrt{45}+2\sqrt{5}-\sqrt{48}$
$\quad=2\sqrt{3}-3\sqrt{5}+2\sqrt{5}-4\sqrt{3}$
$\quad=-2\sqrt{3}-\sqrt{5}$

6 $(1)0$ $(2)5\sqrt{6}$ $(3)12\sqrt{3}$ $(4)9\sqrt{2}$

解き方
$(1)\dfrac{3}{\sqrt{3}}-\sqrt{3}=\dfrac{3\times\sqrt{3}}{\sqrt{3}\times\sqrt{3}}-\sqrt{3}$
$\quad\quad=\dfrac{3\sqrt{3}}{3}-\sqrt{3}$
$\quad\quad=\sqrt{3}-\sqrt{3}=0$
$(3)3\sqrt{75}-\dfrac{9}{\sqrt{3}}=3\times5\sqrt{3}-\dfrac{9\times\sqrt{3}}{\sqrt{3}\times\sqrt{3}}$
$\quad\quad=15\sqrt{3}-\dfrac{9\sqrt{3}}{3}$
$\quad\quad=15\sqrt{3}-3\sqrt{3}=12\sqrt{3}$
$(4)\sqrt{50}+\dfrac{8}{\sqrt{2}}=5\sqrt{2}+\dfrac{8\times\sqrt{2}}{\sqrt{2}\times\sqrt{2}}$
$\quad\quad=5\sqrt{2}+\dfrac{8\sqrt{2}}{2}$
$\quad\quad=5\sqrt{2}+4\sqrt{2}=9\sqrt{2}$

7 $(1)5\sqrt{3}-45$ $(2)12-6\sqrt{6}$ $(3)-2+2\sqrt{21}$
$(4)-3$ $(5)23+4\sqrt{15}$ $(6)27-12\sqrt{2}$

解き方
$(1)\sqrt{5}(\sqrt{15}-3\sqrt{45})$
$\quad=\sqrt{75}-3\sqrt{225}$
$\quad=5\sqrt{3}-3\times15=5\sqrt{3}-45$
$(2)2\sqrt{3}(\sqrt{12}-\sqrt{18})$
$\quad=2\sqrt{36}-2\sqrt{54}$
$\quad=2\times6-2\times3\sqrt{6}=12-6\sqrt{6}$
$(3)(\sqrt{7}+3\sqrt{3})(\sqrt{7}-\sqrt{3})$
$\quad=(\sqrt{7})^2+\{3\sqrt{3}+(-\sqrt{3})\}\times\sqrt{7}+3\sqrt{3}\times(-\sqrt{3})$
$\quad=7+2\sqrt{21}-9=-2+2\sqrt{21}$
$(4)(\sqrt{5}+2\sqrt{2})(\sqrt{5}-2\sqrt{2})$
$\quad=(\sqrt{5})^2-(2\sqrt{2})^2$
$\quad=5-8=-3$
$(5)(\sqrt{3}+2\sqrt{5})^2$
$\quad=(\sqrt{3})^2+2\times2\sqrt{5}\times\sqrt{3}+(2\sqrt{5})^2$
$\quad=3+4\sqrt{15}+20$
$\quad=23+4\sqrt{15}$
$(6)(2\sqrt{6}-\sqrt{3})^2$
$\quad=(2\sqrt{6})^2-2\times\sqrt{3}\times2\sqrt{6}+(\sqrt{3})^2$
$\quad=24-4\sqrt{18}+3$
$\quad=27-4\times3\sqrt{2}$
$\quad=27-12\sqrt{2}$

⑧ 1

解き方
$x^2-2x-3=(x+1)(x-3)$ としてから代入すると，
$(1+\sqrt{5}+1)(1+\sqrt{5}-3)$
$=(\sqrt{5}+2)(\sqrt{5}-2)=5-4=1$

別解 そのまま $x=1+\sqrt{5}$ を代入して，
$(1+\sqrt{5})^2-2(1+\sqrt{5})-3$
$=1+2\sqrt{5}+5-2-2\sqrt{5}-3$
$=1$ としてもよい。

⑨ $a=5\sqrt{2}$，$b=10\sqrt{2}$

解き方
⑦正方形の1辺の長さを a cm とすると，
　$a^2=50$，$a>0$　$a=\sqrt{50}=5\sqrt{2}$
⑦$b\times5\sqrt{2}\times\dfrac{1}{2}=50$
　$\sqrt{2}\,b=20$　$b=10\sqrt{2}$

理解のコツ

・分母に根号がついた式があるときは，分母，分子に
　分母の $\sqrt{\ }$ のついた数をかけて，分母に根号がない式
　に変形してから計算しよう。

---

p.42～43　　　　　　　ぴたトレ3

① ⑦ $2\sqrt{3}$　④ 5　⑦ ○　④ ±5　⑦ ○
　　⑦ $\sqrt{5}$

解き方
⑦ $\sqrt{3}+\sqrt{3}=2\sqrt{3}$
④ $\sqrt{a^2}=a$ です。$(a>0)$
④ 平方根は＋と－の2つあります。
⑦ 平方根の除法は，根号の中の数の除法になり
　 ます。

② (1) $\sqrt{84}$，9，$\sqrt{70}$
　　(2) $-\sqrt{48}$，$-\sqrt{50}$，-7.1

解き方
(2) $(\sqrt{48})^2=48$，$7.1^2=50.41$，$(\sqrt{50})^2=50$
　　 負の数は絶対値が大きいほど数の大きさは小さ
　　 くなります。

③ (1) 4.89×10^4m　(2) 5.80×10g

解き方
(1)有効数字は4，8，9で，十の位の0，一の位の0
　　は信頼できる数字ではありません。
(2)有効数字は5，8，0です。

④ (1) 14.1　(2) 44.7　(3) 0.447

解き方
(1)$\sqrt{200}$の根号の中の数の小数点が $\sqrt{2}$ より右に2桁
　　ずれているので，近似値の小数点は右に1桁ず
　　れます。
(2)$\sqrt{2000}$ は，$\sqrt{20}$ より小数点が右に2桁ずれている
　　ので，近似値の小数点は右に1桁ずれます。

---

⑤ (1) $2\sqrt{15}$　(2) $-20\sqrt{3}$　(3) 3

解き方
(1)$\sqrt{12}\times\sqrt{5}=\sqrt{60}=2\sqrt{15}$
(2)$2\sqrt{6}\times(-\sqrt{50})$
　　$=-2\sqrt{300}$
　　$=-20\sqrt{3}$
(3)$\sqrt{180}\div2\sqrt{5}$
　　$=\dfrac{\sqrt{180}}{2\sqrt{5}}=\dfrac{1}{2}\times\sqrt{\dfrac{180}{5}}$
　　$=\dfrac{1}{2}\times\sqrt{36}=\dfrac{1}{2}\times6=3$

⑥ (1) $6\sqrt{2}$　(2) $\sqrt{7}$　(3) $\sqrt{3}+17\sqrt{2}$

解き方
(1)$\sqrt{8}+\sqrt{32}=2\sqrt{2}+4\sqrt{2}=6\sqrt{2}$
(2)$\sqrt{28}-2\sqrt{63}+5\sqrt{7}$
　　$=2\sqrt{7}-6\sqrt{7}+5\sqrt{7}$
　　$=\sqrt{7}$
(3)$\sqrt{27}+\sqrt{50}-\sqrt{12}+3\sqrt{32}$
　　$=3\sqrt{3}+5\sqrt{2}-2\sqrt{3}+12\sqrt{2}$
　　$=\sqrt{3}+17\sqrt{2}$

⑦ (1) 2　(2) $-3-2\sqrt{5}$　(3) $23-4\sqrt{15}$
　　(4) $56+12\sqrt{3}$

解き方
(1)$(\sqrt{6}-2)(\sqrt{6}+2)=(\sqrt{6})^2-2^2$
　　$=6-4=2$
(2)$(\sqrt{5}+2)(\sqrt{5}-4)$
　　$=(\sqrt{5})^2+\{2+(-4)\}\times\sqrt{5}+2\times(-4)$
　　$=5-2\sqrt{5}-8$
　　$=-3-2\sqrt{5}$
(3)$(2\sqrt{5}-\sqrt{3})^2$
　　$=(2\sqrt{5})^2-2\times\sqrt{3}\times2\sqrt{5}+(\sqrt{3})^2$
　　$=20-4\sqrt{15}+3$
　　$=23-4\sqrt{15}$
(4)$(3\sqrt{6}+\sqrt{2})^2$
　　$=(3\sqrt{6})^2+2\times\sqrt{2}\times3\sqrt{6}+(\sqrt{2})^2$
　　$=54+6\sqrt{12}+2$
　　$=56+6\times2\sqrt{3}$
　　$=56+12\sqrt{3}$

⑧ (1) 2　(2) 6　(3) 0，1，2，3　(4) 6つ

解き方
(1)$x^2-6x+9=(x-3)^2$
　　$x=3+\sqrt{2}$ を代入すると，
　　$(3+\sqrt{2}-3)^2=(\sqrt{2})^2=2$
(2)$\sqrt{25}<\sqrt{30}<\sqrt{36}$　よって，$5<\sqrt{30}<6$
　　だから，$\sqrt{30}$ より大きい整数で最も小さい整数
　　は，6
(3)両辺を2乗すると，$a<4$
　　また，a は整数なので，0をふくめます。

(4)$3<\sqrt{x}<4$ より，$9<x<16$

　　よって，$x=10$，11，12，13，14，15の6つです。

⑨ (1)$-\dfrac{1}{3}$，0，$-\sqrt{36}$，0.7，-13

　(2)$\sqrt{5}$，$\dfrac{\pi}{2}$，$6\sqrt{2}$

解き方 (1)分数で表すことのできる数は有理数です。
(2)πは無理数です。

⑩ **5.77 cm**

解き方 底面の半径をx cmとすると，

$\pi \times x^2 \times 6 = 200\pi$

　　　$x^2 = \dfrac{200\pi}{6\pi} = \dfrac{100}{3}$

$x>0$だから，$x = \sqrt{\dfrac{100}{3}} = \dfrac{10}{\sqrt{3}} = \dfrac{10\sqrt{3}}{3}$

したがって，$\dfrac{10\sqrt{3}}{3} = 5.773\cdots$

3章　2次方程式

p.45 **ぴたトレ0**

❶ ④と⑦

解き方 xに2を代入して，左辺＝右辺となるものを見つけます。

⑦左辺＝$2-7=-5$
　右辺＝5
　なので，2は解ではない。

④左辺＝$3 \times 2 - 1 = 5$
　右辺＝5
　なので，2は解である。

⑦左辺＝$2+1=3$
　右辺＝$2 \times 2 - 1 = 3$
　なので，2は解である。

⑤左辺＝$4 \times 2 - 5 = 3$
　右辺＝$-1-2=-3$
　なので，2は解ではない。

❷ (1)$x(x-3)$　(2)$x(2x+5)$

　(3)$(x+4)(x-4)$　(4)$(2x+3)(2x-3)$

　(5)$(x+3)^2$　(6)$(x-4)^2$　(7)$(3x+5)^2$

　(8)$(x+3)(x+4)$　(9)$(x-3)(x-9)$

　(10)$(x+4)(x-6)$

解き方 (4)$4x^2-9=(2x)^2-3^2$

　　$=(2x+3)(2x-3)$

(7)$9x^2+30x+25$

　$=(3x)^2+2 \times 5 \times 3x + 5^2$

　$=(3x+5)^2$

(10)積が-24になる整数の組から，和が-2になるものを選びます。

和が-2	積が-24
	1 と -24
	-1 と 24
	2 と -12
	-2 と 12
	3 と -8
	-3 と 8
○	4 と -6
	-4 と 6

上の表から，整数の組は4と-6です。

したがって，

$x^2-2x-24=(x+4)(x-6)$

p.47 **ぴたトレ1**

1 ⑦，④，⑤

$ax^2+bx+c=0$ $(a \neq 0)$ の形になる方程式が，x についての2次方程式です。（x の2次式）$=0$ になる形に変形できる方程式を見つけます。

⑦左辺に移項すると，$x^2-2=0$ です。$b=0$ の2次方程式です。

⑨移項して整理します。$-6x-15=0$ なので，1次方程式です。

㊀展開して整理すると，$x^2-2x-2=0$ です。

2 (1)$a=4$，$b=3$，$c=1$

(2)$a=2$，$b=0$，$c=-50$

すべての項を左辺に移項して簡単にすると，左辺が x の2次式になる方程式が x についての2次方程式です。

(2)$2x^2+0x-50=0$ の2次方程式と考えます。

3 (1)$x=-4$，$x=5$　(2)$x=3$，$x=6$

(3)$x=-2$　(4)$x=0$，$x=1$

(1)$(x+4)(x-5)=0$ より，
　$x+4=0$　または　$x-5=0$
　$x=-4$，$x=5$

(2)$(x-3)(x-6)=0$ より，
　$x-3=0$　または　$x-6=0$
　$x=3$，$x=6$

(3)$(x+2)^2=0$
　$x+2=0$
　$x=-2$

(4)$x(x-1)=0$ より，
　$x=0$　または　$x-1=0$
　$x=0$，$x=1$

4 (1)$x=-1$，$x=-3$　(2)$x=5$，$x=6$

(3)$x=-7$　(4)$x=8$

(5)$x=0$，$x=5$　(6)$x=\pm 4$

(1)$x^2+4x+3=0$
　$(x+1)(x+3)=0$
　$x=-1$，$x=-3$

(2)$x^2-11x+30=0$
　$(x-5)(x-6)=0$
　$x=5$，$x=6$

(3)$x^2+14x+49=0$
　$(x+7)^2=0$
　$x=-7$

(4)$x^2-16x+64=0$
　$(x-8)^2=0$
　$x=8$

(5)$x^2-5x=0$
　$x(x-5)=0$
　$x=0$，$x=5$

(6)$x^2-16=0$
　$(x+4)(x-4)=0$
　$x=-4$，$x=4$

p.49　　　　　　　**ぴたトレ1**

1 (1)$x=-3$，$x=1$　(2)$x=3$

(3)$x=0$，$x=4$　(4)$x=\pm 9$

(1)$4x^2+8x-12=0$
　$x^2+2x-3=0$
　$(x+3)(x-1)=0$
　$x=-3$，$x=1$

(2)$-2x^2+12x-18=0$
　$x^2-6x+9=0$
　$(x-3)^2=0$
　$x=3$

(3)$2x^2=8x$
　$2x^2-8x=0$
　$x^2-4x=0$
　$x(x-4)=0$
　$x=0$，$x=4$

(4)$\dfrac{1}{3}x^2-27=0$
　$x^2-81=0$
　$(x+9)(x-9)=0$
　$x=-9$，$x=9$

2 (1)$x=-2$，$x=3$　(2)$x=2$

(1)$(x-2)(x+4)=3x-2$
　$x^2+2x-8=3x-2$
　$x^2-x-6=0$
　$(x+2)(x-3)=0$
　$x=-2$，$x=3$

(2)$x^2+(x-4)^2=8$
　$x^2+x^2-8x+16=8$
　$2x^2-8x+8=0$
　$x^2-4x+4=0$
　$(x-2)^2=0$
　$x=2$

3 (1)$x=\pm 2$　(2)$x=\pm\dfrac{3}{2}$

(3)$x=4$，$x=-2$　(4)$x=-7\pm\sqrt{14}$

(1)$2x^2-8=0$
　$2x^2=8$
　$x^2=4$
　$x=\pm 2$

(2)$4x^2-9=0$

　　$4x^2=9$

　　$x^2=\dfrac{9}{4}$

　　$x=\pm\dfrac{3}{2}$

(3)$(x-1)^2=9$

　　$x-1=\pm 3$

　　$x=4,\ x=-2$

(4)$(x+7)^2-14=0$

　　$(x+7)^2=14$

　　$x+7=\pm\sqrt{14}$

　　$x=-7\pm\sqrt{14}$

4 (1)$x=1\pm\sqrt{5}$　(2)$x=-3\pm\sqrt{6}$

解き方

(1)$x^2-2x-4=0$

　　$x^2-2x=4$

　　$x^2-2\times x+1^2=4+1^2$

　　$(x-1)^2=5$

　　$x-1=\pm\sqrt{5}$

　　$x=1\pm\sqrt{5}$

(2)$x^2+6x+3=0$

　　$x^2+6x=-3$

　　$x^2+2\times 3x+3^2=-3+3^2$

　　$(x+3)^2=6$

　　$x+3=\pm\sqrt{6}$

　　$x=-3\pm\sqrt{6}$

p.51 ぴたトレ**1**

1 (1)$x=\dfrac{3\pm\sqrt{17}}{2}$　(2)$x=\dfrac{-9\pm\sqrt{57}}{4}$

(3)$x=1\pm\sqrt{6}$　(4)$x=\dfrac{1}{2}\pm\sqrt{2}$

(5)$x=-\dfrac{1}{2},\ x=-2$　(6)$x=2,\ x=-\dfrac{2}{3}$

解き方

(1)$x^2-3x-2=0$

　　$x=\dfrac{3\pm\sqrt{(-3)^2-4\times 1\times(-2)}}{2\times 1}$

　　　$=\dfrac{3\pm\sqrt{17}}{2}$

(2)$2x^2+9x+3=0$

　　$x=\dfrac{-9\pm\sqrt{9^2-4\times 2\times 3}}{2\times 2}$

　　　$=\dfrac{-9\pm\sqrt{57}}{4}$

(3)$x^2-2x-5=0$

　　$x=\dfrac{2\pm\sqrt{(-2)^2-4\times 1\times(-5)}}{2\times 1}$

　　　$=\dfrac{2\pm\sqrt{24}}{2}=\dfrac{2\pm 2\sqrt{6}}{2}=1\pm\sqrt{6}$

(4)$4x^2-4x-7=0$

　　$x=\dfrac{4\pm\sqrt{(-4)^2-4\times 4\times(-7)}}{2\times 4}$

　　　$=\dfrac{4\pm\sqrt{128}}{8}=\dfrac{4\pm 8\sqrt{2}}{8}=\dfrac{1\pm 2\sqrt{2}}{2}=\dfrac{1}{2}\pm\sqrt{2}$

(5)$2x^2+5x+2=0$

　　$x=\dfrac{-5\pm\sqrt{5^2-4\times 2\times 2}}{2\times 2}$

　　　$=\dfrac{-5\pm\sqrt{9}}{4}=\dfrac{-5\pm 3}{4}$

　　よって，$x=\dfrac{-5+3}{4}$　または　$x=\dfrac{-5-3}{4}$

　　$x=-\dfrac{1}{2},\ x=-2$

(6)$3x^2-4x-4=0$

　　$x=\dfrac{4\pm\sqrt{(-4)^2-4\times 3\times(-4)}}{2\times 3}$

　　　$=\dfrac{4\pm\sqrt{64}}{6}=\dfrac{4\pm 8}{6}$

　　よって，$x=\dfrac{4+8}{6}$　または　$x=\dfrac{4-8}{6}$

　　$x=2,\ x=-\dfrac{2}{3}$

2 (1)$x=-8,\ x=12$　(2)$a=5,\ a=-11$

(3)$x=7,\ x=-5$

解き方

(1)$x-2=A$ と置くと，$A^2-100=0$

　　$(A+10)(A-10)=0$

　　$A=-10,\ A=10$

　　$A=x-2$ なので，

　　$x-2=-10$　または　$x-2=10$

　　$x=-8,\ x=12$

(2)$(a+3)^2=64$　$a+3=\pm 8$

　　よって，$a+3=8$　または　$a+3=-8$

　　$a=5,\ a=-11$

(3)左辺を展開すると，

　　$x^2-2x+1-36=0$　$x^2-2x-35=0$

　　解の公式に代入すると，

　　$x=\dfrac{2\pm\sqrt{(-2)^2-4\times 1\times(-35)}}{2\times 1}=\dfrac{2\pm\sqrt{144}}{2}$

　　　$=\dfrac{2\pm 12}{2}$

　　よって，$x=\dfrac{2+12}{2}$　または　$x=\dfrac{2-12}{2}$

　　$x=7,\ x=-5$

3 (1)$x=20,\ x=-2$　(2)$x=-3,\ x=-9$

(3)$x=3,\ x=6$　(4)$a=-8,\ a=1$

解き方

(1)$(x-9)^2=121$　$x-9=\pm 11$

　　よって，$x-9=11$　または　$x-9=-11$ より，

　　$x=20,\ x=-2$

(2)両辺を4でわって，$(x+6)^2-9=0$

　　-9を右辺に移項すると，$(x+6)^2=9$

　　$x+6=\pm 3$

　　よって，$x+6=3$　または　$x+6=-3$

　　$x=-3$，$x=-9$

(3)$x-4=A$と置くと，$A^2-A-2=0$

　　$(A+1)(A-2)=0$

　　$A=-1$，$A=2$

　　$A=x-4$なので，

　　$x-4=-1$　または　$x-4=2$

　　$x=3$，$x=6$

(4)$a+1=A$と置くと，$A^2+5A-14=0$

　　$(A+7)(A-2)=0$

　　よって，$A=-7$，$A=2$

　　$A=a+1$なので，

　　$a+1=-7$　または　$a+1=2$

　　$a=-8$，$a=1$

p.52~53 **ぴたトレ2**

1 (1)$x=1$，$x=-5$　(2)$x=-2$，$x=1$

(3)$x=1$，$x=5$　(4)$x=-3$，$x=6$

(5)$x=-9$　(6)$x=7$　(7)$x=\pm 6$　(8)$y=\pm 7$

解き方

(1)$(x-1)(x+5)=0$より，

　　$x-1=0$　または　$x+5=0$

　　$x=1$，$x=-5$

(2)$(2+x)(1-x)=0$より，

　　$2+x=0$　または　$1-x=0$

　　$x=-2$，$x=1$

(3)$x^2-6x+5=0$

　　$(x-1)(x-5)=0$

　　$x=1$，$x=5$

(4)$x^2-3x-18=0$

　　$(x+3)(x-6)=0$

　　$x=-3$，$x=6$

(5)$x^2+18x+81=0$

　　$(x+9)^2=0$

　　$x=-9$

(6)$x^2-14x+49=0$

　　$(x-7)^2=0$

　　$x=7$

(7)$x^2-36=0$

　　$(x+6)(x-6)=0$

　　$x=-6$，$x=6$

(8)$-49+y^2=0$

　　$y^2-49=0$

　　$(y+7)(y-7)=0$

　　$y=-7$，$y=7$

2 (1)$x=\pm 2\sqrt{3}$　(2)$x=-2\pm 2\sqrt{2}$

(3)$x=6\pm\sqrt{5}$　(4)$x=-1\pm\sqrt{5}$

(5)$x=-2$，$x=4$　(6)$x=-3$，$x=10$

解き方

(1)$x^2-12=0$

　　$x^2=12$

　　$x=\pm\sqrt{12}$

　　$x=\pm 2\sqrt{3}$

(2)$(x+2)^2=8$

　　$x+2=\pm\sqrt{8}$

　　$x=-2\pm 2\sqrt{2}$

(3)$4(x-6)^2=20$

　　$(x-6)^2=5$

　　$x-6=\pm\sqrt{5}$

　　$x=6\pm\sqrt{5}$

(4)$x^2+2x=4$

　　$x^2+2\times x+1^2=4+1^2$

　　$(x+1)^2=5$

　　$x+1=\pm\sqrt{5}$

　　$x=-1\pm\sqrt{5}$

(5)$(2x-1)^2=2x^2+17$

　　$4x^2-4x+1-2x^2-17=0$

　　$2x^2-4x-16=0$

　　$x^2-2x-8=0$

　　$(x+2)(x-4)=0$

　　$x=-2$，$x=4$

(6)$(x-2)(x-5)=40$

　　$x^2-7x+10-40=0$

　　$x^2-7x-30=0$

　　$(x+3)(x-10)=0$

　　$x=-3$，$x=10$

3 $x^2+8x=0$　左辺を因数分解して，

$x(x+8)=0$　よって，$x=0$，$x=-8$

解き方 xは0でない確証がないので，両辺をxでわってはいけません。

4 (1)$x=\dfrac{3\pm\sqrt{5}}{2}$　(2)$x=\dfrac{-1\pm\sqrt{61}}{6}$

(3)$x=3\pm\sqrt{2}$　(4)$x=1$，$x=-\dfrac{4}{5}$

解き方

(1)解の公式に代入して，

$x=\dfrac{3\pm\sqrt{(-3)^2-4\times 1\times 1}}{2\times 1}=\dfrac{3\pm\sqrt{5}}{2}$

(2)$x=\dfrac{-1\pm\sqrt{1^2-4\times 3\times(-5)}}{2\times 3}=\dfrac{-1\pm\sqrt{61}}{6}$

(3)$x=\dfrac{6\pm\sqrt{(-6)^2-4\times 1\times 7}}{2\times 1}=\dfrac{6\pm\sqrt{8}}{2}$

$=\dfrac{6\pm 2\sqrt{2}}{2}=3\pm\sqrt{2}$

(4) $x = \dfrac{1 \pm \sqrt{(-1)^2 - 4 \times 5 \times (-4)}}{2 \times 5}$

$\quad = \dfrac{1 \pm \sqrt{81}}{10} = \dfrac{1 \pm 9}{10}$

よって，$x = \dfrac{1+9}{10}$ または $x = \dfrac{1-9}{10}$

$x = 1,\ x = -\dfrac{4}{5}$

5 (1) $x = 6,\ x = 4$　(2) $x = -4 \pm 2\sqrt{2}$

　(3) $x = \dfrac{-2 \pm \sqrt{22}}{6}$　(4) $x = -1,\ x = 8$

解き方

(1) -1 を右辺に移項して，

　$(x-5)^2 = 1$　$x-5 = \pm 1$

　よって，$x-5 = 1$ または $x-5 = -1$

　$x = 6,\ x = 4$

(2) -8 を右辺に移項して，

　$(x+4)^2 = 8$　$x+4 = \pm 2\sqrt{2}$

　よって，$x = -4 \pm 2\sqrt{2}$

(3) 3 を左辺に移項して，解の公式に代入すると，

　$x = \dfrac{-4 \pm \sqrt{4^2 - 4 \times 6 \times (-3)}}{2 \times 6} = \dfrac{-4 \pm \sqrt{88}}{12}$

　$\quad = \dfrac{-4 \pm 2\sqrt{22}}{12}$

　$\quad = \dfrac{-2 \pm \sqrt{22}}{6}$

(4) $x-2 = A$ と置くと，$A^2 - 3A - 18 = 0$

　$(A+3)(A-6) = 0$ より，$A = -3,\ A = 6$

　$A = x-2$ なので，

　$x-2 = -3$ または $x-2 = 6$

　$x = -1,\ x = 8$

6 (1) $a = -5$　(2) $x = 7$

解き方

(1) $x^2 + ax - 14 = 0$ に，$x = -2$ を代入すると，

　$(-2)^2 + a \times (-2) - 14 = 0$

　$4 - 2a - 14 = 0$ から，$a = -5$

(2) $x^2 - 5x - 14 = 0$ を解くと，

　$(x+2)(x-7) = 0$ から，$x = -2,\ x = 7$

7 (1) $\begin{cases} 9 - 3a + b = 0 \\ 64 + 8a + b = 0 \end{cases}$ を解くと，

　$a = -5,\ b = -24$

　(2) $(x+3)(x-8) = 0$

　$x^2 - 5x - 24 = 0$ より，$a = -5,\ b = -24$

解き方

(1) $x^2 + ax + b = 0$ に $x = -3$ を代入すると，

　$(-3)^2 + a \times (-3) + b = 0$　$9 - 3a + b = 0$

　$x = 8$ を代入すると，

　$8^2 + 8a + b = 0$　$64 + 8a + b = 0$

　これより，連立方程式を解きます。

---

(2) $(x+c)(x+d) = 0$ の解は，$x = -c,\ x = -d$ であることから，$x = -3,\ x = 8$ より，

　$(x+3)(x-8) = 0$ と表すことができます。

> **理解のコツ**
> ・解に根号がつくときは，根号の中の数はできるだけ簡単にしておこう。
> ・2次方程式の解が与えられていて，係数などを求める問題は，解を代入すれば方程式が成り立つことを利用しよう。

p.55　ぴたトレ1

1 5と13

解き方

小さいほうの自然数を x とすると，大きいほうの自然数は $x+8$ と表すことができます。この2数の積が65なので，

　$x(x+8) = 65$

　$x^2 + 8x = 65$

　$x^2 + 8x - 65 = 0$

　$(x+13)(x-5) = 0$

　$x = -13,\ x = 5$

x は自然数なので，-13 を問題の答えとすることはできません。$x = 5$ のとき，大きいほうの自然数は13で，5と13は問題の答えとしてよいです。

2 (1) $(x+5)(x-3) = 48$

　(2) 7m

解き方

(1) もとの土地の1辺の長さを x m とすると，縦の長さは $(x+5)$ m，横の長さは $(x-3)$ m と表すことができます。「長方形の面積 = 縦×横」なので，

　$(x+5)(x-3) = 48$

(2) (1)の式を整理して解くと，

　$x^2 + 2x - 15 = 48$

　$x^2 + 2x - 63 = 0$

　$(x+9)(x-7) = 0$

　$x = -9,\ x = 7$

x は正方形の1辺の長さなので，-9 を問題の答えとすることはできません。7は問題の答えとしてよいです。

3 2cmと4cm

点PがBから$x$cm動いたとすると，PCの長さは
$(6-x)$cm，CQの長さは$x$cmと表せるから，
$$x(6-x)=8$$
$$-x^2+6x-8=0$$
$$x^2-6x+8=0$$
$$(x-2)(x-4)=0$$
$$x=2, \quad x=4$$
xの変域は$0<x<6$なので，2つの解は，どちらも
問題の答えとしてよいです。

---

p.56～57 ぴたトレ**2**

① **11**

わかっている数量と求める数量を明らかにし，何
をxにするかを決めます。次に，方程式をつくり，
方程式を解きます。最後に，答えとしてよいか確
かめます。
ある正の整数をxとすると，
$x^2=8x+33$　これを解くと，$x=-3, \quad x=11$
$x>0$より，-3は問題の答えとすることはできま
せん。11は問題の答えとしてよいです。

② (1)**6** (2)**10**

(1)ある正の数をxとすると，
$$(x+3)^2=2(x+3)+63$$
これを解くと，$x=-10, \quad x=6$
$x>0$より，-10は問題の答えとすることはで
きません。6は問題の答えとしてよいです。

(2)ある正の数をxとすると，
$$(x-3)^2=2x-3+32$$
これを解くと，$x=10, \quad x=-2$
$x>0$より，-2は問題の答えとすることはでき
ません。10は問題の答えとしてよいです。

③ **7, 9, 11**

連続する3つの正の奇数を，$2n-1$, $2n+1$,
$2n+3$（nは自然数）とすると，
$$(2n-1)^2+(2n+1)^2=12(2n+3)-2$$
これを解くと，$n=-1, \quad n=4$
$n \geqq 1$より，-1は問題の答えとすることはできま
せん。
$n=4$のとき，3つの奇数は，7, 9, 11でこれらは
問題の答えとしてよいです。

④ **2m**

縦と横の長さをxm長くしたとすると，
$$(3+x)(10+x)=2\times3\times10$$
これを解くと，$x=-15, \quad x=2$
$x>0$より，-15は問題の答えとすることはでき
ません。2は問題の答えとしてよいです。

---

⑤ **12cm**

もとの正方形の1辺の長さを$x$cmとすると，
$$(x-6)^2\times3=108$$
これを解くと，$x=0, \quad x=12$
$x>6$より，0は問題の答えとすることはできませ
ん。12は問題の答えとしてよいです。

⑥ (1)**24** (2)$m=6$

(1)$(m, \ n)$の数は，$m+2(n-1)$で表されるので，
$m=10$, $n=8$を代入して，
$$10+2\times(8-1)=24$$

(2)$(m, \ n)=m+2(n-1)$に$(m, \ 3)$, $(m, \ 6)$をあ
てはめると，
$(m, \ 3)=m+2\times(3-1)$から，$m+4$
$(m, \ 6)=m+2\times(6-1)$から，$m+10$
積が160になることから，
$$(m+4)(m+10)=160$$
これを解くと，$m=6, \quad m=-20$
$m>0$より，-20は問題の答えとすることはで
きません。6は問題の答えとしてよいです。

理解の**コツ**

・文章問題では，答えの確認が大切です。問題の答え
としてよいか確かめよう。
・2次方程式では，求めるものをそのままxとして，問
題文にしたがって式をつくっていけばよい問題が多
いよ。

p.58～59 ぴたトレ**3**

① ⓦ

$x=-4$, $x=2$をそれぞれの方程式の左辺に代入
して，成り立つかどうか調べます。
㋐では，$x=-4$を代入すると，
$$(-4+4)\times(-4-1)=0$$
$x=2$を代入すると，$(2+4)\times(2-1)=6$
よって，㋐は成り立ちません。
㋑では，$x=-4$を代入すると，
$$-4\times(-4-2)=24$$
$x=2$を代入すると，$2\times(2-2)=0$
よって，㋑は成り立ちません。
㋒では，$x=-4$を代入すると，
$$(-4)^2+2\times(-4)-8=0$$
$x=2$を代入すると，$2^2+2\times2-8=0$
よって，㋒は成り立ちます。
㋓では，$x=-4$を代入すると，$(-4)^2=16$
$x=2$を代入すると，$2^2=4$
よって，㋓は成り立ちません。

❷ (例)(1)$(x+5)(x-2)=0$　(2)$x^2=6$
　　　(3)$(x+9)^2=0$

解き方

(1)$x=-5$, $x=2$ となる2次方程式は,
　$(x+5)(x-2)=0$

(2)$x=\pm\sqrt{6}$ となる2次方程式は,　$x^2=6$

(3)$x=-9$ となる2次方程式は,　$(x+9)^2=0$

❸ (1)$x=3$, $x=7$　(2)$m=-3$, $m=9$
　(3)$x=-8$　(4)$x=\pm\sqrt{5}$　(5)$x=6$, $x=-2$
　(6)$x=\dfrac{1\pm\sqrt{5}}{2}$　(7)$x=3\pm\sqrt{3}$
　(8)$x=-3\pm\sqrt{15}$　(9)$x=0$, $x=2$
　(10)$x=-1$, $x=8$　(11)$x=-3$, $x=-10$
　(12)$x=3\pm\sqrt{13}$

解き方

(1)$x^2-10x+21=0$
　$(x-3)(x-7)=0$
　$x=3$, $x=7$

(2)$m^2-6m-27=0$
　$(m+3)(m-9)=0$
　$m=-3$, $m=9$

(3)$x^2+16x+64=0$
　$(x+8)^2=0$
　$x=-8$

(4)$3x^2=15$
　$x^2=5$
　$x=\pm\sqrt{5}$

(5)$(x-2)^2=16$
　$x-2=\pm4$
　$x=2+4$　または　$x=2-4$
　$x=6$, $x=-2$

(6)$x^2-x-1=0$
　-1を右辺に移項して,
　$x^2-x=1$
　$\left(\dfrac{1}{2}\right)^2$を両辺に加えて,
　$x^2-2\times\dfrac{1}{2}x+\left(\dfrac{1}{2}\right)^2=1+\left(\dfrac{1}{2}\right)^2$
　$\left(x-\dfrac{1}{2}\right)^2=\dfrac{5}{4}$
　$x-\dfrac{1}{2}=\pm\dfrac{\sqrt{5}}{2}$
　$x=\dfrac{1}{2}\pm\dfrac{\sqrt{5}}{2}$なので, $x=\dfrac{1\pm\sqrt{5}}{2}$
別解 解の公式で求めてもよいです。

(7)$x^2-6x+6=0$
　6を右辺に移項して,
　$x^2-6x=-6$
　3^2を両辺に加えて,
　$x^2-2\times3x+3^2=-6+3^2$
　$(x-3)^2=3$
　$x-3=\pm\sqrt{3}$
　$x=3\pm\sqrt{3}$
別解 解の公式で求めてもよいです。

(8)$x^2+3x=6-3x$
　$x^2+6x-6=0$
　解の公式に代入して,
　$x=\dfrac{-6\pm\sqrt{6^2-4\times1\times(-6)}}{2\times1}=\dfrac{-6\pm\sqrt{60}}{2}$
　　$=\dfrac{-6\pm2\sqrt{15}}{2}$
　　$=-3\pm\sqrt{15}$

(9)$x^2-2=2(x-1)$
　$x^2-2=2x-2$
　$x^2-2x=0$
　$x(x-2)=0$
　$x=0$, $x=2$

(10)$3x-(x-2)^2=-12$
　$3x-(x^2-4x+4)=-12$
　$3x-x^2+4x-4=-12$
　$-x^2+7x+8=0$
　$x^2-7x-8=0$
　$(x+1)(x-8)=0$
　$x=-1$, $x=8$

(11)$(x+3)^2+7(x+3)=0$
　$x+3=A$と置くと,
　$A^2+7A=0$
　$A(A+7)=0$
　$A=0$, $A=-7$
　$A=x+3$なので,
　$x+3=0$　または　$x+3=-7$
　$x=-3$, $x=-10$

(12)$\dfrac{x^2-4}{3}=2x$
　両辺に3をかけて,
　$x^2-4=6x$
　$x^2-6x-4=0$
　解の公式に代入して,
　$x=\dfrac{6\pm\sqrt{(-6)^2-4\times1\times(-4)}}{2\times1}$
　　$=\dfrac{6\pm\sqrt{52}}{2}$
　　$=\dfrac{6\pm2\sqrt{13}}{2}$
　　$=3\pm\sqrt{13}$

④ (1)$a=5$, ほかの解 $x=1$

(2)$a=25$, 解 $x=5$

解き方 (1)解が $x=-6$ なので，$x^2+ax-6=0$ に代入すると，$(-6)^2+a\times(-6)-6=0$

$36-6a-6=0$

$-6a=-30$　$a=5$

$a=5$ を $x^2+ax-6=0$ に代入すると，

$x^2+5x-6=0$

$(x+6)(x-1)=0$

$x=-6$, $x=1$

(2)解が1つなので，$(x-5)^2=0$ となればよいです。

よって，解は $x=5$ であり，展開すると，

$x^2-10x+25=0$ より，$a=25$

⑤ 9

解き方 （わられる数）＝（わる数）×（商）＋（余り）より，

$x^2=6(x+3)+9$

$x^2=6x+18+9$

$x^2-6x-27=0$

$(x+3)(x-9)=0$

よって，$x=-3$, $x=9$

$x>0$ より，-3 は問題の答えとすることはできません。9は問題の答えとしてよいです。

⑥ 8m

解き方 もとの畑の縦の長さを xm とすると，

横の長さは，$2x$m と表されるから，

$(x-2)(2x-2)=84$

$2x^2-2x-4x+4=84$

$2x^2-6x+4=84$

$2x^2-6x-80=0$

$x^2-3x-40=0$

$(x+5)(x-8)=0$

$x=-5$, $x=8$

$x>2$ より，-5 は問題の答えとすることはできません。8は問題の答えとしてよいです。

⑦ P$(2, 4)$

解き方 点Pの x 座標を t とすると，y 座標は，$t+2$，

△POAは二等辺三角形だから，OA$=2t$

よって，$\dfrac{1}{2}\times 2t(t+2)=8$

これを解くと，$t=-4$, $t=2$

$t>0$ より，-4 は問題の答えとすることはできません。$t=2$ のとき，Pの y 座標は $2+2=4$ で，これは問題の答えとしてよいです。

4章　関数

p.61 ぴたトレ **0**

① (1)$y=\dfrac{100}{x}$　(2)$y=80-x$　(3)$y=80x$

比例するもの…(3)

反比例するもの…(1)

1次関数であるもの…(2)，(3)

解き方 比例の関係は $y=ax$ の形，反比例の関係は $y=\dfrac{a}{x}$ の形，1次関数は $y=ax+b$ の形で表されます。比例は1次関数の特別な場合です。

上の答えの表し方以外でも，意味があっていれば正解です。

② (1)-9　(2)-3　(3)-12

解き方 1次関数 $y=ax+b$ では，$\dfrac{(y\text{の増加量})}{(x\text{の増加量})}=a$ なので，

$(y\text{の増加量})=(x\text{の増加量})\times a$ という関係が成り立ちます。

(1)x の増加量は，$4-1=3$ だから，

$(y\text{の増加量})=3\times(-3)=-9$

(2)x の増加量が1のときの y の増加量は a に等しくなります。

p.63 ぴたトレ **1**

① (1)$y=\dfrac{1}{2}x^2$　y が x の2乗に比例する

(2)$y=3\pi x^3$　y が x の2乗に比例しない

解き方 (1)三角形の面積 $=\dfrac{1}{2}\times$ 底辺 $\times$ 高さ　にあてはめます。

(2)円柱の体積は，$\pi\times(\text{半径})^2\times$ 高さです。

② (1)右の図

(2)⑦，⑨

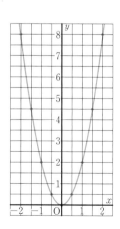

(1)xの値に対応するyの値の組を座標とする点をとり，なめらかな曲線で結びます。

x	$\cdots$	-2	-1.5	-1	-0.5	0	0.5	1	1.5	2	$\cdots$
y	$\cdots$	8	4.5	2	0.5	0	0.5	2	4.5	8	$\cdots$

(2)④：グラフはy軸について対称になっています。
　　㋓：$y=ax^2$のグラフでは，aの絶対値が大きくなるほど，グラフの開き方が小さくなります。

3 ㋐ $y=3x^2$　④ $y=\dfrac{1}{3}x^2$

㋒ $y=-0.5x^2$　㋓ $y=-2x^2$

㋐，④は上に開いているので，$a>0$のグラフです。㋒，㋓は下に開いているので，$a<0$のグラフです。また，㋐と④では，㋐のほうが開き方が小さいので，aの絶対値の大きいほうが㋐になります。㋒と㋓では，㋓のほうが開き方が小さいので，aの絶対値の大きいほうが㋓になります。

p.65 ぴたトレ**1**

1 (1)$-32 \leqq y \leqq 0$　(2)$-18 \leqq y \leqq -2$

それぞれ，xの変域内でグラフをかいて求めます。

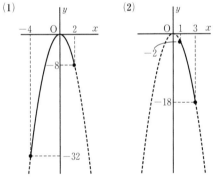

(1)$a<0$のグラフで，xの変域に0をふくむ場合，yの最大値は0になることに注意しましょう。

2 (1)-8　(2)-8
(3)2点を通る直線の傾き

(1)(変化の割合)$=\dfrac{(y\text{の増加量})}{(x\text{の増加量})}=\dfrac{2-18}{-1-(-3)}=-8$
(2)2点$(-3,\ 18)$，$(-1,\ 2)$を通る直線の傾きは，
　$\dfrac{2-18}{-1-(-3)}=-8$

3 (1)21　(2)-15

(1)$x=2$のとき$y=12$，$x=5$のとき$y=75$だから，
　(変化の割合)$=\dfrac{75-12}{5-2}=21$

(2)$x=-4$のとき$y=48$，$x=-1$のとき$y=3$だから，(変化の割合)$=\dfrac{3-48}{-1-(-4)}=-15$

4 秒速30m

平均の速さは，$\dfrac{(\text{落ちる距離})}{(\text{落ちる時間})}$で求めることができます。$y=5x^2$の変化の割合が，ボールの平均の速さを表しているので，$x=2$のとき$y=20$，$x=4$のとき$y=80$だから，$\dfrac{80-20}{4-2}=30$

p.67 ぴたトレ**1**

1 (1)① $y=2x^2$　② $y=18$
(2)① $y=-3x^2$　② $y=-12$

yはxの2乗に比例するから，比例定数をaとすると，$y=ax^2$と表されます。
(1)①$y=ax^2$に$x=2$，$y=8$を代入すると，
　　$8=a\times 2^2$だから，$a=2$
　　　よって，$y=2x^2$
　②$y=2x^2$に$x=-3$を代入すると，
　　$y=2\times(-3)^2=18$
(2)①$y=ax^2$に$x=4$，$y=-48$を代入すると，
　　$-48=a\times 4^2$だから，$a=-3$
　　　よって，$y=-3x^2$
　②$y=-3x^2$に$x=2$を代入すると，
　　$y=-3\times 2^2=-12$

2 $y=-\dfrac{2}{9}x^2$

グラフが点$(3,\ -2)$を通るので，
$y=ax^2$に$x=3$，$y=-2$を代入すると，
$-2=a\times 3^2$だから，$a=-\dfrac{2}{9}$
よって，$y=-\dfrac{2}{9}x^2$

3 (1)$y=3x^2$　(2)$y=-\dfrac{1}{3}x^2$

(1)$y=ax^2$に$x=-2$，$y=12$を代入すると，
　$12=a\times(-2)^2$だから，$a=3$
　　よって，$y=3x^2$
(2)$y=ax^2$に$x=3$，$y=-3$を代入すると，
　$-3=a\times 3^2$だから，$a=-\dfrac{1}{3}$
　　よって，$y=-\dfrac{1}{3}x^2$

p.68～69 ぴたトレ**2**

◆ (1)① 0　② $\dfrac{9}{2}$　(2)$y=18$

解き方 (1)① $y=\dfrac{1}{2}\times 0^2=0$　② $y=\dfrac{1}{2}\times 3^2=\dfrac{9}{2}$

(2) $y=\dfrac{1}{2}x^2$ に，$x=6$ を代入すると，

　　$y=\dfrac{1}{2}\times 6^2=18$

2 下の図

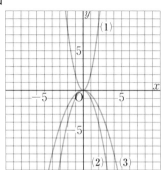

解き方 x，y の値の組を座標とする点をとり，なめらかな曲線で結びます。このとき，グラフは必ず原点を通り，y 軸に対称な放物線になります。

(1) $y=ax^2$ で，$a>0$ だから，グラフは上に開きます。

(2)(3) $y=ax^2$ で，$a<0$ だから，グラフは下に開きます。

3 (1)⑦，⑤　(2)⑦，⑨　(3) $y=\dfrac{1}{2}x^2$　(4)⑦，⑤

(5)⑦

解き方 (1) $y=ax^2$ で，$a<0$ のときのグラフになります。

(2) グラフが上に開いた放物線になります。

(3) $y=ax^2$ と $y=-ax^2$ は x 軸について対称なグラフになります。

(4) グラフが下に開いた放物線になります。

(5) $y=ax^2$ のグラフは，a の絶対値が大きいほど y 軸に近づきます。

4 (1) $-24\leqq y\leqq 0$　(2) $-\dfrac{27}{2}<y\leqq 0$

解き方 それぞれの x の変域でグラフをかきます。

(1)　　　　　　　　　(2)

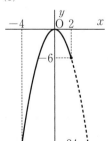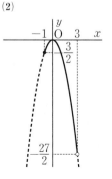

5 (1) -12　(2) $a=-2$

解き方 (1) 変化の割合は，

　　$\dfrac{-3\times 3^2-(-3)\times 1^2}{3-1}=\dfrac{-27+3}{2}=-12$

(2) 1次関数 $y=8x+2$ の変化の割合は，

　$y=ax+b$ の a の値だから8になります。よって，

　　$\dfrac{a\times(-1)^2-a\times(-3)^2}{-1-(-3)}=8$　$\dfrac{a-9a}{2}=8$

　　$-4a=8$　$a=-2$

6 (1) $y=\dfrac{2}{3}x^2$　(2) $y=8$

解き方 (1) $y=ax^2$ に $x=6$，$y=24$ を代入すると，

　　$24=a\times 6^2$　$24=36a$　$a=\dfrac{2}{3}$

(2) $y=ax^2$ に $x=3$，$y=18$ を代入すると，

　　$18=a\times 3^2$　$18=9a$　$a=2$

　　関数の式は，$y=2x^2$　$x=-2$ を代入すると，

　　$y=2\times(-2)^2$　$y=8$

7 ⑦：$y=2x^2$　⑤：$y=x^2$　⑨：$y=-\dfrac{1}{3}x^2$

解き方 グラフで対応する点を見つけ，$y=ax^2$ の式に代入します。

　⑦：$(1,\ 2)$ を通るから，$y=ax^2$ に $x=1$，$y=2$ を代入します。

　⑤：$(2,\ 4)$ を通るから，$y=ax^2$ に $x=2$，$y=4$ を代入します。

　⑨：$(3,\ -3)$ を通るから，$y=ax^2$ に $x=3$，$y=-3$ を代入します。

理解のコツ

・変化の割合は，基本的なものから応用，1次関数とからめたものまで幅広く出題されるよ。

・y の変域を求める問題では，ミスを防ぐためにも，なるべくグラフをかいて求めよう。

p.71 ぴたトレ**1**

1 (1) $2x\,\mathrm{cm}$

(2) $4\,\mathrm{cm}^2$

(3) $y=x^2$

(4) $y=9$

(5) $y=3x$

(6) 右の図

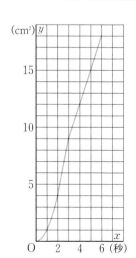

解き方

(1)点Pは秒速2cmで進むから，x秒後には$2x$cm
進みます。

(2)AQ=2cm，AP=4cmだから，$\frac{1}{2}×2×4=4(\text{cm}^2)$

(3)xの変域が$0\leqq x\leqq3$のとき，点Pは辺AB上を
進むので，$y=\frac{1}{2}×x×2x$より，$y=x^2$

(4)$y=x^2$に$x=3$を代入して求めます。

(5)xの変域が$3<x\leqq6$のとき，点Pは辺BC上を
進みます。このとき，AQを底辺とすると，高
さは6cmで一定だから，$y=\frac{1}{2}×x×6$より，
$y=3x$

(6)xの変域が$0\leqq x\leqq3$では，$y=x^2$，$3<x\leqq6$では，
$y=3x$のグラフをかきます。

2 (1)①**8** ②**16**
　　③**32**
(2)**右の図**
(3)**7回**

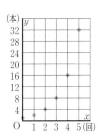

解き方

(1)①3回切るということは，2回切ったときの4本
をもう1回切るので，8本になります。
②3回切ったときの8本をもう1回切るので，16
本になります。
③4回切ったときの16本をもう1回切るので，
32本になります。

(3)ひもの本数は2倍ずつ増えるので，6回切ると
$32×2=64(本)$，7回切ると$64×2=128(本)$
よって，7回以上切ったとき，100本を超えます。

p.72～73 ぴたトレ**2**

 (1)$a=\frac{1}{180}$　(2)**45m**

解き方

(1)$y=ax^2$に$x=60$，$y=20$を代入してaの値を求め
ます。

(2)$y=\frac{1}{180}x^2$に$x=90$を代入してyの値を求めると，
$y=45$

---

 (1)$y=x^2$，$0\leqq x\leqq2$
(2)$y=2x$，$2\leqq x\leqq4$
(3)右の図

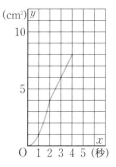

解き方

(1)AP=$x$cm，BQ=$2x$cmの三角形だから，
$y=\frac{1}{2}×x×2x$，$y=x^2$
また，点Qが点Cに着くのは2秒後だから，
xの変域は，$0\leqq x\leqq2$

(2)△APQの底辺をAPと考えたとき，
高さは4cmで一定だから，$y=\frac{1}{2}×x×4$から，
$y=2x$
また，点Qが点Dに着くのは4秒後だから，
xの変域は，$2\leqq x\leqq4$

(3)xの変域が$0\leqq x\leqq2$のとき，グラフは$y=x^2$，
$2\leqq x\leqq4$のとき，グラフは$y=2x$になります。

3 (1)$0\leqq y\leqq600$
(2)$y=\frac{1}{6}x^2$
(3)**秒速15m**
(4)$y=15x-300$
(5)**右の図**
(6)**60秒後**

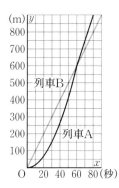

解き方

(1)グラフから，yの最小値と最大値を読み取ります。

(2)$y=ax^2$に$x=60$，$y=600$を代入します。

(3)10秒間に150m進んでいるので，1秒間に進む距
離は，$150÷10=15(\text{m})$

(4)速さが一定だからグラフは1次関数であるとい
えます。
$y=15x+b$に$x=60$，$y=600$を代入すると，
$b=-300$から，$y=15x-300$

(5)列車Bは，秒速10mで一定の速さで進むので
$y=ax$の式で表され，$a=10$から，$y=10x$

(6)追いつかれる場合は，2つのグラフが交わって
いる点の座標を読みます。

・グラフから，x，yの式を導くときは，x，y座標がともに整数になっている点を選ぶといいよ。
・xの変域によって，グラフの形が異なる場合があることに注意しよう。

---

p.74〜75　　　　　　　ぴたトレ**3**

❶ (1)$a=\dfrac{1}{2}$　(2)㋐ 2　㋑$\dfrac{9}{2}$　(3)4　(4)$-\dfrac{3}{2}$

(5)$0\leqq y\leqq 8$

解き方

(1)表から，$x=2$のとき$y=2$なので，

$y=ax^2$に代入すると，$2=4a$　$a=\dfrac{1}{2}$

(2)㋐：$y=\dfrac{1}{2}x^2$に$x=-2$を代入します。

㋑：$y=\dfrac{1}{2}x^2$に$x=3$を代入します。

(3)（yの増加量）$=\dfrac{1}{2}\times 3^2-\dfrac{1}{2}\times 1^2=\dfrac{9}{2}-\dfrac{1}{2}$

$=\dfrac{8}{2}=4$

(4)（yの増加量）$=\dfrac{1}{2}\times 0^2-\dfrac{1}{2}\times(-3)^2=-\dfrac{9}{2}$

（xの増加量）$=0-(-3)=3$

よって，（変化の割合）$=-\dfrac{9}{2}\div 3=-\dfrac{3}{2}$

(5)最小値は$x=0$のとき$y=0$，最大値は$x=4$のとき$y=8$なので，$0\leqq y\leqq 8$

❷ ㋐$y=4x^2$　㋑$y=-3x^2$　㋒$y=\dfrac{1}{4}x^2$

㋓$y=-\dfrac{3}{8}x^2$

解き方

㋐：点$(1,\ 4)$を通るから，$x=1$，$y=4$を$y=ax^2$に代入します。

㋑：$x=1$，$y=-3$を代入します。

㋒：$x=4$，$y=4$を代入します。

㋓：$x=4$，$y=-6$を$y=ax^2$に代入すると，

$-6=16a$　$a=-\dfrac{3}{8}$

❸ (1)㋑，㋒　(2)㋑と㋕　(3)㋕　(4)㋒

解き方

(1)$y=ax^2$で，$a<0$のものを選びます。

(2)$y=ax^2$と$y=-ax^2$のグラフを選びます。

(3)$x=2$を代入して，$y=8$となるものを選びます。

(4)$y=ax^2$のaの絶対値が最も小さいものを選びます。

❹ (1)$a=-\dfrac{1}{2}$　(2)$b=6$

解き方

(1)$y=-3x+2$の変化の割合は-3

$y=ax^2$のxの値が2から4まで増加するときの

変化の割合は，$\dfrac{a\times 4^2-a\times 2^2}{4-2}=\dfrac{12a}{2}=6a$

これが-3に等しいので，$6a=-3$，$a=-\dfrac{1}{2}$

(2)$y=x^2$のxの値が-4からbまで増加するときの

変化の割合は，$\dfrac{b^2-(-4)^2}{b-(-4)}=\dfrac{b^2-16}{b+4}$

$=\dfrac{(b+4)(b-4)}{b+4}=b-4$

これが2に等しいので，$b-4=2$　$b=6$

❺ (1)$a=\dfrac{1}{20}$　(2)180m　(3)時速80km

解き方

(1)時速30kmで走っていると45m進むことから，

$x=30$のとき$y=45$

これを$y=ax^2$に代入して，

$45=900a$　$a=\dfrac{1}{20}$

(2)$y=\dfrac{1}{20}x^2$に$x=60$を代入します。

(3)$y=320$となるxの値を求めればよいから，

$320=\dfrac{1}{20}x^2$　$x^2=6400$　$x=\pm 80$

$x>0$だから，$x=80$

よって，時速80km

❻ (1)$a=1$　(2)$\dfrac{1}{4}\leqq a\leqq 1$　(3)$(2\sqrt{3},\ 4)$

解き方

(1)$y=ax^2$に$x=2$，$y=4$を代入してaの値を求めます。

(2)点Aを通るときのaの値，点Bを通るときのaの値を求めます。

(3)$y=\dfrac{1}{3}x^2$が線分ABと交わるときのy座標は4だから，$y=\dfrac{1}{3}x^2$に$y=4$を代入すると，

$4=\dfrac{1}{3}x^2$　$x^2=12$から，$x=\pm 2\sqrt{3}$

$2\leqq x\leqq 4$だから，$x=2\sqrt{3}$

5章 相似と比

p.77 ぴたトレ0

1 (1)$x=2$ (2)$x=32$ (3)$x=10$ (4)$x=4$

解き方　$a:b=c:d$ ならば $ad=bc$
(4)$x:(x+3)=4:7$
$$7x=4(x+3)$$
$$7x=4x+12$$
$$3x=12$$
$$x=4$$

2 ㋐と㋛

合同条件…2組の辺とその間の角がそれぞれ等しい

㋑と㋓

合同条件…1組の辺とその両端の角がそれぞれ等しい

㋒と㋔

合同条件…3組の辺がそれぞれ等しい

解き方　㋑は、残りの角の大きさを求めると、㋓と合同であるとわかります。

p.79 ぴたトレ1

1 (1)四角形 ABCD∽四角形 EFGH

(2)$2:1$

解き方　(1)対応する頂点の順に書きます。
(2)相似比は、対応する線分の比だから、
　　BC：FG＝8：4＝2：1

2 $3:4$

解き方　辺ABに対応するのは辺EFだから、
AB：EF＝9：12＝3：4
他の対応する辺で考えてもよいです。

3 (1)∠B＝70°, ∠G＝80°

(2)6cm

解き方　相似な図形では、対応する角の大きさ、対応する辺の比は等しいです。
(1)∠Bに対応する角は∠F＝70°
　∠Hに対応する角は∠D＝90°
　四角形の内角の和は360°だから、
　∠G＝360°−(90°＋120°＋70°)＝80°
(2)相似比は、AB：EF＝4.5：6＝3：4だから、
　BC：8＝3：4, BC＝6(cm)

p.81 ぴたトレ1

1 (1)

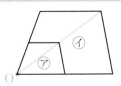

(2)

　または　

解き方　相似な図形の対応する頂点を結ぶ直線が交わる1点をOとします。

2

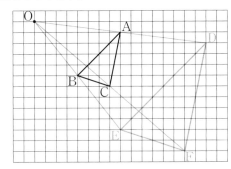

解き方　相似の中心から対応する点までの距離の比はすべて等しいことを使います。相似比が1：2なので、OA：OD＝1：2となる点DをOAの延長線上にとります。同様にして、点E、点Fをとります。

3 △ABC∽△JKL

相似条件…3組の辺の比がすべて等しい

△DEF∽△NOM

相似条件…2組の角がそれぞれ等しい

△GHI∽△QRP

相似条件…2組の辺の比が等しく、その間の角が等しい

解き方
・△ABCと△JKLで、AB：JK＝4：6＝2：3,
　BC：KL＝3：4.5＝2：3, CA：LJ＝4：6＝2：3
・△DEFと△NOMで、∠M＝180°−(45°＋78°)
　＝57°だから、∠F＝∠M＝57°
・△GHIと△QRPで、GH：QR＝6：3＝2：1,
　GI：QP＝9：4.5＝2：1, ∠G＝∠Q＝30°

p.83 ぴたトレ1

1 (1)△ABC∽△EDC

相似条件…2組の角がそれぞれ等しい

(2)△ABC∽△EDC

　　相似条件…2組の辺の比が等しく，その間の
　　　　　　　角が等しい

(1)△ABCと△EDCで，∠BAC＝∠DEC＝68°，
　∠Cは共通だから，2組の角がそれぞれ等しい
　ことがわかります。

(2)△ABCと△EDCで，AC：EC＝12：9＝4：3，
　BC：DC＝18：13.5＝4：3，∠ACB＝∠ECD
　（対頂角）だから，2組の辺の比が等しく，その
　間の角が等しいことがわかります。

2 △ABCと△AEDで，

　仮定から，∠ACB＝∠ADE　…①

　共通な角だから，∠BAC＝∠EAD　…②

　①，②から，2組の角がそれぞれ等しいので，

　△ABC∽△AED

△AEDを取り出して，△ABC
と対応するように置いて考えま
す。対応する頂点を考えて，等
しい角を見いだし，相似条件に
あてはめます。

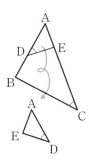

3 (1)△AECと△BEDで，

　仮定より，AC∥BDだから，

　錯角が等しいので，

　∠ACE＝∠BDE　…①

　∠CAE＝∠DBE　…②

　①，②から，2組の角がそれぞれ等しいので，

　△AEC∽△BED

(2)**6cm**

(1)対頂角より，∠AEC＝∠BEDを使って証明し
　てもよいです。

(2)AC：BD＝CE：DE＝2：3だから，
　4：BD＝2：3，BD＝6（cm）

p.84〜85　　　　　　**ぴたトレ2**

① (1)**3：2**　(2)**x＝2.4**　(3)**75°**

(1)BC：FG＝4.5：3＝45：30＝3：2

(2)3：2＝3.6：x　3x＝7.2　x＝2.4

② (1)**4：5**　(2)$\frac{5}{4}$**倍**　(3)**8cm**

---

(1)BC：EF＝12：15＝4：5

(2)ACとDFは対応するので，辺の比は4：5とな
　り，$\frac{5}{4}$倍になります。

(3)4：5＝AB：10　5AB＝40から，
　AB＝8cm

③ (1)

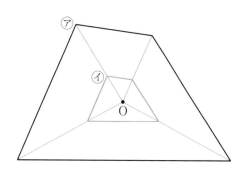

(2)

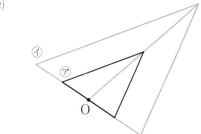

(1)点Oと㋐の図形の各頂点を直線で結び，その直
　線上に点Oから㋐までの長さの$\frac{1}{3}$になるところ
　に頂点をとり，㋑の図形をかきます。

(2)点Oから㋐の図形の各頂点に直線をひき，その
　直線上に㋐の図形までの長さの2倍になるとこ
　ろに㋑の図形の頂点をとります。

④ (1)△ABC∽△DAC

　　相似条件…2組の辺の比が等しく，その間の
　　　　　　　角が等しい

(2)△ABC∽△DBA

　　相似条件…2組の角がそれぞれ等しい

(1)AC：BC＝3：9＝1：3

　DC＝9−8＝1より，DC：AC＝1：3だから，2
　組の辺の比が等しいことがわかります。

⑤ (1)△ABCと△DBAで，

　仮定から，∠BAC＝∠BDA＝90°…①

　共通な角だから，∠ABC＝∠DBA　…②

　①，②から，2組の角がそれぞれ等しいので，

　△ABC∽△DBA

(2)△ABC∽△DAC

(3)**12cm**

解き方 (1)ADとBCが垂直になることから，
　∠ADB＝90°がわかります。

(2)90°の角を見つけ，△ABCと共通の角がある
　三角形を見つけます。

(3)AD：CA＝DB：AB
　AD：15＝16：20　20AD＝240　AD＝12（cm）

 (1)$x＝3$　(2)$x＝6$

解き方 (1)$x：6＝5：10$　$10x＝30$　$x＝3$

(2)$4：8＝5：(4＋x)$　$4(4＋x)＝40$
　$4＋x＝10$　$x＝6$

理解のコツ

・相似な図形をさがすときは，辺の長さが与えられて
いたら比をとり，与えられていなかったら等しい2組
の角を見つけよう。

p.87　　　　　　**ぴたトレ1**

1 (1)$x＝10$，$y＝\dfrac{27}{5}$　(2)$x＝6$，$y＝\dfrac{5}{2}$

解き方 三角形と比の定理を使います。
(1)AD：AB＝AE：AC だから，
　$(x－4)：x＝9：(9＋6)$
　　　　$9x＝15(x－4)$
　　　$-6x＝-60$
　　　　$x＝10$
　AE：AC＝DE：BC だから，
　　$9：15＝y：9$
　　　$15y＝81$
　　　　$y＝\dfrac{27}{5}$

(2)AE：AC＝AD：AB だから，
　　$3：x＝2：4$
　　　$2x＝12$
　　　　$x＝6$
　ED：CB＝AD：AB だから，
　　$y：5＝2：4$
　　　$4y＝10$
　　　　$y＝\dfrac{5}{2}$

2 △ABCで，PQ∥ABだから，
　CQ：QB＝CP：PA　…①
　△ACDで，PR∥ADだから，
　CR：RD＝CP：PA　…②
　①，②から，CQ：QB＝CR：RDなので，
　QR∥BD

解き方 まず，△ABC，△ACDで，三角形と比の定理を
使って，等しい比の線分を見つけます。
次に，△CBDで，三角形と比の定理の逆を使い
ます。

3 (1)$x＝9.6$　(2)$x＝25$

解き方 平行線と線分の比の定理を使います。
(1)$x：2.4＝8：2$より，$x＝9.6$
(2)$10：(x－10)＝9：13.5$より，$x＝25$

p.89　　　　　　**ぴたトレ1**

1 △PABで，PC＝CA，PD＝DBだから，
中点連結定理より，CD∥AB　…①

　　　　　　$CD＝\dfrac{1}{2}AB$　…②

同様にして，△QABで，
中点連結定理より，EF∥AB　…③

　　　　　　$EF＝\dfrac{1}{2}AB$　…④

①，③から，CD∥EF　…⑤
②，④から，CD＝EF　…⑥
⑤，⑥から，1組の対辺が平行で等しいので，
四角形ECDFは平行四辺形である。

解き方 △PABと△QABで，それぞれ中点連結定理を
使って，CDとAB，EFとABの関係を調べます。

2 (1)$x＝3$　(2)$x＝10.8$

解き方 三角形の角の二等分線と比を使います。
(1)AB：AC＝BD：CDだから，
　$4：6＝2：x$
　　$4x＝12$
　　　$x＝3$
(2)AB：AC＝BD：CDだから，
　$x：7.2＝6：4$
　　　$4x＝43.2$
　　　$x＝10.8$

3 (1)$3：7$　(2)$3：4$

解き方 (1)四角形ABEDで考えます。
　AD∥BE だから，△AEDと△ABE は高さが
　共通なので，面積の比は底辺の比と等しくなり
　ます。AD：BE＝9：21＝3：7

(2)△ABEと△BCEは，底辺がBEで共通だから，面積の比は高さの比と等しくなります。

点Aから直線q，rに垂線をひき，qとの交点をH，rとの交点をIとすると，AH，HIがそれぞれの三角形の高さになります。平行線と線分の比の定理より，DE：EF＝AH：HIだから，AH：HI＝15：20＝3：4

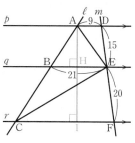

① $(1)x=\dfrac{16}{5}$　$(2)x=25$　$(3)x=\dfrac{20}{3}$　$(4)x=6$

解き方

(1)$8：x=5：2$より，$x=\dfrac{16}{5}$

(2)$10：x=(40-24)：40$より，$x=25$

(3)$3：5=4：x$より，$x=\dfrac{20}{3}$

(4)$12：16=x：(14-x)$より，$x=6$

② $(1)\dfrac{24}{5}$ cm　(2)6cm

解き方

(1)AD∥EF，AD∥BC，
DF：FC＝3：2より，AG：GC＝3：2
よって，EG：BC＝3：(3+2)＝3：5
EG：8＝3：5より，EG＝$\dfrac{24}{5}$cm

(2)(1)と同様に，GF：AD＝2：(2+3)＝2：5
GF：3＝2：5より，GF＝$\dfrac{6}{5}$cm
EF＝EG+GF＝$\dfrac{24}{5}+\dfrac{6}{5}=\dfrac{30}{5}=6$(cm)

③ (1)4：1　(2)8cm

解き方

(1)BE：BC＝1：(1+3)＝1：4，
BC＝ADより，AF：FE＝AD：BE＝4：1

(2)FD：BD＝4：(4+1)＝4：5より，
4：5＝FD：10
よって，FD＝8cm

④ (1)2：3　(2)10cm

解き方

(1)BF：BD＝6：15＝2：5より，
BF：FD＝2：(5-2)＝2：3

(2)DF：DB＝3：(2+3)＝3：5より，
3：5＝6：AB
よって，AB＝10cm

⑤ (1)4cm　(2)1：1：1　(3)2cm

解き方

(1)△ABCで中点連結定理が成り立つから，
MN∥BCで，MN＝$\dfrac{1}{2}$BC＝$\dfrac{1}{2}×8＝4$(cm)

(2)PC：CA＝1：2　CN＝NAより，
PC：CN：NA＝1：$\left(2×\dfrac{1}{2}\right)$：$\left(2×\dfrac{1}{2}\right)$＝1：1：1

(3)△PMNにおいて，点Cが辺NPの中点で，MN∥QCであるので，点Qは辺MPの中点となります。よって，QC＝$\dfrac{1}{2}$MN＝$\dfrac{1}{2}×4＝2$(cm)

⑥ $(1)12\,cm^2$　$(2)\dfrac{54}{5}\,cm^2$

解き方

(1)△ACDと△ABCは，底辺をAD，BCとみると高さが等しいから，面積の比は底辺の比と等しいので，△ACD：△ABC＝AD：BC＝2：3
よって，△ACD：18＝2：3より，△ACD＝12cm²

(2)△ABCで，△ABOと△BOCは，底辺をAO，OCとみると高さが共通だから，面積の比は底辺の比に等しくなります。三角形と比の定理より，AO：OC＝AD：BC＝2：3です。
△ABCは18cm²だから，
△BOC＝$18×\dfrac{3}{5}=\dfrac{54}{5}$(cm²)

理解のコツ

・三角形と比の定理で，線分の比がわからなくなったら，2つの三角形の相似比で考えるといいよ。

・平行線に交わる直線が交差していても，切り取られる線分の比は等しくなるよ。

① 16：25

解き方

△ABCと△DEFの相似比は，
BC：EF＝4：5だから，
面積の比は，$4^2：5^2=16：25$

② (1)△AODと△COBで，
仮定より，AD：CB＝2：3　…①
三角形と比の定理より，
AO：CO＝AD：CB＝2：3　…②
DO：BO＝AD：CB＝2：3　…③
①，②，③から，3組の辺の比がすべて等しいので，△AOD∽△COB

(2)27cm²

解き方

(1)ほかにも，△AODと△COBで，AD：CB，AO：CO，∠DAO＝∠BCOや∠ADO＝∠CBO，∠AOD＝∠COBなどを使って証明する方法もあります。

(2)△AODと△COBの相似比が2：3だから，面
積の比は，$2^2:3^2=4:9$です。
△COBの面積をx cm^{2}とすると，
$12:x=4:9$より，$x=27$

3 **20 cm^2**

解き方
△ADFと△AEGの面積の比は，$1^2:2^2=1:4$
△ADFと△ABCの面積の比は，$1^2:3^2=1:9$
また，四角形EBCGは△ABC−△AEGだから，
△ADFと四角形EBCGの面積の比は，
$1:(9-4)=1:5$
四角形EBCGの面積をx cm^{2}とすると，
$4:x=1:5$より，$x=20$

p.95 ぴたトレ**1**

1 (1)相似比…2：5，表面積の比…4：25

(2)**10 cm**

解き方
(1)円柱㋐と円柱㋑の相似比は，$1:2.5=2:5$
表面積の比は，$2^2:5^2=4:25$
(2)円柱㋑の高さをx cmとすると，
$4:x=2:5$より，$x=10$

2 (1)相似比…4：3，体積の比…64：27

(2)**768 cm^3**

解き方
(1)四角錐㋐と四角錐㋑の相似比は，$8:6=4:3$
体積の比は，$4^3:3^3=64:27$
(2)四角錐㋐の体積をx cm^{3}とすると，
$x:324=64:27$より，$x=768$

3 **26回**

解き方
水が入っている部分（コップ1回分）と容器の相似
比は1：3だから，体積の比は$1^3:3^3=1:27$です。
水が入っている部分と入っていない部分の体積の
比は，$1:(27-1)=1:26$だから，あと26回コッ
プで水を入れると容器が満水になります。

p.97 ぴたトレ**1**

1 **10m**

解き方
入射角と反射角が等しいことから，
$\angle ACB=\angle DCE$とわかります。また，
$\angle ABC=\angle DEC=90°$です。よって，2組の角が
それぞれ等しいので，$\triangle ABC\infty\triangle DEC$となり
ます。
対応する辺の比は等しいから，AB：DE＝BC：EC
$x:1.5=20:3$，$x=10$

2 約**27m**

（縮図例）

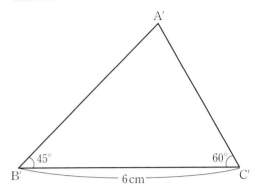

解き方
例えば，$\frac{1}{500}$の縮図をかき，A′B′の長さを測って
500倍すると，実際の長さが求められます。

3 **大きいペンキ1個**

解き方
小さいペンキと大きいペンキの体積の比は，
$1^3:2^3=1:8$
よって，小さいペンキ7個買ったとき，
（㋐×7個）：（㋨）＝$(1\times7):8=7:8$
したがって，同じ2800円では体積が7：8なので，
大きいペンキ1個のほうが得です。

p.98～99 ぴたトレ**2**

① (1)**1：9** (2)**54 cm^2**

解き方
(1)△ABCと△DBEの相似比は，
BC：BE＝5：15＝1：3
よって，面積の比は，$1^2:3^2=1:9$
(2)四角形ACEDと△DBEの面積の比は，
$(9-1):9=8:9$だから，△DBEの面積をS cm^2
とすると，$8:9=48:S$
$S=54$

② **12cm**

解き方
△ABCと△ADEの面積の比は，
216：96＝9：4なので，相似比は，3：2となります。
よって，BC：DE＝3：2　18：DE＝3：2
DE＝12

③ (1)**9cm** (2)**81 cm^3**

解き方
(1)2つの三角錐の底面の面積の比が，
36：64＝9：16＝$3^2:4^2$だから，相似比は3：4
よって，OP：12＝3：4，OP＝9

(2)三角錐OPQRと三角錐OABCの体積の比は，相似比が3：4だから，$3^3：4^3＝27：64$

三角錐OPQRの体積をVcm^{3}とすると，

$V：192＝27：64$，　$V＝81$

④ **9：25**

回転させると，右のような立体⑦，⑦ができます。この2つの相似比は底面の円の半径の比より，

$1.5：(1.5＋1)＝3：5$

よって，表面積の比は，

$3^2：5^2＝9：25$

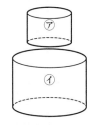

⑤ **AH，ABの長さと∠DBCの大きさを測り，△DBCの縮図をかいて，DCの長さを求め，これにABの長さを加える。**

例えば，縮尺$\dfrac{1}{500}$の縮図をかいたとき，求める長さを測ったあと，実際の長さを求めるためにその長さを500倍するのを忘れないようにしましょう。

⑥ **15m**

横から見ると，右の図になります。

△PQR∽△STUで，棒の影の長さより，

高さ：底辺＝1：4

Bビルの高さをhmとすると，△PQRから，

$1：4＝h：36$　$h＝9$

AビルとBビルの高さの差をh'mとすると，△STUから，$1：4＝h'：24$　$h'＝6$

よって，Aビルの高さは，$9＋6＝15$（m）

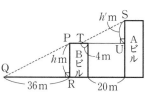

⑦ (1)$\dfrac{1}{8}$**L**　(2)**7：1**

(1)入れものと水が入った部分の相似比は，$24：6＝4：1$だから，

体積の比は$4^3：1^3＝64：1$

入れものの容積は8Lだから，入れた水の体積をxLとすると，$8：x＝64：1$，$x＝\dfrac{1}{8}$

(2)残りの水の深さは，半分なので12cmです。入れものと残りの水の相似比は$24：12＝2：1$だから，体積の比は$2^3：1^3＝8：1$です。

これより，出した水の体積と残りの水の体積の比は，$(8－1)：1＝7：1$

理解のコツ

・立体において，表面積や体積が与えられたら，相似な図形をさがし，相似比を考えよう。

・縮図をかくときは，できるだけ大きく簡単にかき，相似の形を見つけよう。

p.100～101　　　　　**ぴたトレ3**

❶ (1)△ABC∽△ACD

相似条件…2組の角がそれぞれ等しい

(2)**5cm**　(3)**8cm**

(1)辺の長さがわかっている場合は，「3組の辺の比がすべて等しい」か「2組の辺の比が等しく，その間の角が等しい」かを確かめます。辺の長さがわかっていない場合は，「2組の角がそれぞれ等しい」かを確かめます。

△ABCと△ACDで，

仮定より，∠ABC＝∠ACD　…①

共通な角だから，∠BAC＝∠CAD　…②

①，②から，2組の角がそれぞれ等しいので，

△ABC∽△ACD

(2)AC：AD＝AB：ACより，

$6：4＝AB：6$

よって，AB＝9cm

BD＝AB－AD＝9－4＝5（cm）

(3)DC：CB＝AD：ACより，

DC：12＝4：6

よって，DC＝8cm

❷ (1)$x＝24$　(2)$x＝4$

(1)△BEFと△BCDが相似であることと，△CEFと△CBAが相似であることを利用します。

BE：BC＝6：8＝3：4から，

BE：EC＝3：(4－3)＝3：1

よって，CE：CB＝1：(1＋3)＝1：4

FE：AB＝CE：CBより，

$6：x＝1：4$　$x＝24$

(2)右の図で，

$(x－2)：3＝2：3$

$3(x－2)＝6$

$x－2＝2$

$x＝4$

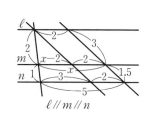

$\ell \parallel m \parallel n$

❸ $x＝6$，$y＝3$

$4：1＝x：1.5$より，$x＝6$

$y：6＝2：4$より，$y＝3$

❹ (1)**12 cm** (2)**9 cm**

解き方

(1)△BCDで中点連結定理より，EF＝$\frac{1}{2}$DC
 よって，DC＝2EF
 ＝2×6＝12（cm）
(2)△AEFで中点連結定理より，
 DG＝$\frac{1}{2}$EF＝$\frac{1}{2}$×6＝3（cm）
 GC＝DC－DG＝12－3＝9（cm）

❺ (1)△ABEと△EDCで，
 仮定から，∠ABE＝∠EDC＝90°…①
 ∠BED＝180°，∠AEC＝90°だから，
 ∠AEB＝90°－∠CED…②
 また，△EDCは直角三角形だから，三角形
 の内角の和は180°より，
 ∠ECD＝90°－∠CED…③
 ②，③から，∠AEB＝∠ECD…④
 ①，④から，2組の角がそれぞれ等しいので，
 △ABE∽△EDC

(2)$\frac{9}{2}$ cm

解き方

(1)△ABEと△EDCは直角三角形なので，90°の
 角が等しいことがわかっています。あともう1
 つの角が等しいことがわかれば，相似条件にあ
 てはめて証明することができます。このとき，
 90°の角に着目します。
(2)AB：ED＝BE：DCより，
 6：ED＝4：3 4ED＝18
 よって，ED＝$\frac{9}{2}$ cm

❻ (1)**1：9** (2)**240 cm²**

解き方

高さが等しい2つの三角形の底辺の比が，$a：b$で
あるとき，面積の比は，$a：b$であることと，相似
比が$m：n$である2つの図形の面積の比が，
$m^2：n^2$であることを利用します。
(1)△FEDと△FBCで，
 ED∥BCより同位角が等しいから，
 ∠FED＝∠FBC…①
 ∠FDE＝∠FCB…②
 ①，②から，2組の角がそれぞれ等しいので，
 △FED∽△FBC
 ここで，相似比は，
 ED：BC＝ED：AD ＝1：（2＋1）＝1：3
 よって，面積の比は1²：3²＝1：9

(2)△ABGと△CFGで，
 AB∥FCより錯角が等しいから，
 ∠ABG＝∠CFG…①
 ∠BAG＝∠FCG…②
 ①，②より，2組の角がそれぞれ等しいので，
 △ABG∽△CFG
 相似比は，
 AG：CG
 ＝AE：CB
 ＝2：3
 よって，
 面積の比から，

 2²：3²＝64：△CFGより，
 △CFG＝144 cm²
 また，△ABGと△GBCは高さが共通なので，
 △ABG：△GBC＝2：3
 よって，2：3＝64：△GBCより，
 △GBC＝96 cm²
 したがって，△BCF＝△CFG＋△GBC
 ＝144＋96＝240（cm²）

別解 △ABGと△CFGが相似であることから，
BG：FG＝AG：CG＝AE：CB＝2：3
よって，
△ABGと△GBCは高さが共通なので，
△GBC＝64÷2×3
よって，△GBC＝96 cm²
△BCGと△FCGは高さが共通なので，
△BCF＝96÷2×（2＋3）
よって，△BCF＝240 cm²

❼ **305 mL**

解き方

容器全体と水を入れた部分は相似であり，その相
似比は15：12＝5：4
よって，体積の比は5³：4³＝125：64
ここで，水の体積が320 mLなので，容器全体を
V mLとすると，
125：64＝V：320
V＝625
したがって，まだ入れられる体積V'は，
625－320＝305（mL）

別解 水を入れた部分とまだ入れられる部分の体
積の比は，64：（125－64）＝64：61
これより，64：61＝320：V'
よって，体積V'は，305 mL

6章 円

p.103 **ぴたトレ0**

1 (1)∠x=80° (2)∠x=75°

(3)∠x=35° (4)∠x=30°

解き方

(1)∠x=180°−(48°+52°)=80°

(2)∠x=35°+40°=75°

(3)∠x+95°=130°

∠x=130°−95°=35°

(4)∠x+70°=45°+55°

∠x=45°+55°−70°=30°

2 (1)∠x=70°, ∠y=110°

(2)∠x=36°, ∠y=72°

解き方

二等辺三角形の2つの底角は等しいことを使います。

(1)∠x=(180°−40°)÷2=70°

∠y=180°−70°=110°

(2)∠x=180°−144°=36°

∠y=144°÷2=72°

p.105 **ぴたトレ1**

1 (1)x=55 (2)x=100

(3)x=25 (4)x=60

(5)x=120 (6)x=15

解き方

1つの弧に対する円周角の大きさは,その弧に対する中心角の大きさの半分になります。

(1)$x=\dfrac{1}{2}×110=55$

(2)$x=2×50=100$

(3)1つの弧に対する円周角は等しいので,x=25

(4)$x=2×30=60$

(5)$x=\dfrac{1}{2}×(360−120)=120$

(6)右の図で,∠ADB=75°

半円の弧に対する円周角は

90°だから,∠DAB=90°

x=180−(75+90)=15

2 (1)x=24 (2)x=6

解き方

1つの円で,円周角の大きさは,それに対する弧の長さに比例し,弧の長さは,円周角の大きさに比例します。

(1)弧の長さが等しいので,円周角の大きさも等しくなります。

(2)円周角が2倍なので,弧の長さも2倍になります。

x=2×3=6

p.107 **ぴたトレ1**

1 ㋐, ㋓

解き方

直線PQの同じ側にある点R,Cがつくる角がそれぞれ等しいとき,4点P,Q,R,Sは1つの円周上にあります。

㋐:∠BAC=∠BDCなので,1つの円周上にあります。

㋑:∠BDC=180°−(40°+80°)=60°

∠BAC≠∠BDCなので,1つの円周上にありません。

㋒:∠ADP=180°−(40°+90°)=50°

∠ADB≠∠ACBなので,1つの円周上にありません。

㋓:∠BDC=85°−40°=45°

∠BAC=∠BDCなので,1つの円周上にあります。

2 (1)61° (2)29° (3)41°

解き方

∠BAC=∠BDC=49°なので,4点A,B,C,Dは1つの円周上にあります。

(1)∠ACB=∠ADB=61°

(2)∠ACD=∠BCD−∠ACB

=90°−61°=29°

(3)∠DAC=∠DBC

=180°−(49°+90°)=41°

p.109 **ぴたトレ1**

1

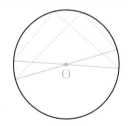

解き方

三角定規を直角の頂点が円周上にくるように置き,直角をはさむ2辺と円周が交わる2点をとって結びます。この作業をもう一度して,ひいた直線が交わる点を点Oとします。

このとき,ひいた直線はこの円の直径となります。

2 △AOPと△BOPで,

PA,PBは円の接線だから,

∠OAP=∠OBP=90° …①

円Oの半径だから,OA=OB …②

共通な辺だから,OP=OP …③

①,②,③から,斜辺と他の1辺がそれぞれ等しい直角三角形なので,△AOP≡△BOP

対応する辺だから,PA=PB

解き方 PA，PBを辺にもつ，△AOPと△BOPの合同を証明します。

円の接線は，接点を通る半径に垂直に交わることから，∠OAP＝∠OBP＝90°がわかります。

3 (1)△ADBと△ABEで，

$\overset{\frown}{AB}$の円周角だから，

∠ADB＝∠ACB …①

仮定より，AB＝ACから，

∠ABC＝∠ACB …②

①，②から，∠ADB＝∠ABE …③

共通な角だから，∠DAB＝∠BAE …④

③，④から，2組の角がそれぞれ等しいので，

△ADB∽△ABE

(2)7.5 cm

解き方 (1)どちらの三角形にも，頂点Aがふくまれていることに着目します。

(2)(1)より，対応する辺の比は等しいから，

AD：AB＝AB：AE

DE＝x cmとすると，AD＝13.5－xだから，

(13.5－x)：9＝9：13.5より，x＝7.5

p.110〜111 ぴたトレ2

1 直線POをひき，円周との交点をQとする。

∠AOB＝∠AOQ＋∠BOQと表され，

∠APB＝∠APO＋∠BPOと表される。

ここで，∠APO＝a，∠BPO＝bとすると，

△OAPは，OP，OAが半径で等しいから二等辺三角形である。

よって，∠OAP＝∠OPA＝aとなる。

同様に，∠OBP＝∠OPB＝bと表される。

ここで，△OAPに着目すると，∠AOPの外角として，

∠AOQ＝∠OAP＋∠OPA＝a＋a＝2aとなる。

同様に△OBPにおいて，

∠BOQ＝∠OBP＋∠OPB＝2bとなる。

したがって，

∠AOB＝∠AOQ＋∠BOQ＝2a＋2b＝2(a＋b)

となるから，a＋b＝∠APO＋∠BPO＝∠APB

より，∠AOB＝2∠APBである。

解き方 二等辺三角形の性質，三角形の内角と外角の関係を使って証明します。

2 (1)∠b，∠c　(2)∠g　(3)∠a　(4)∠d

解き方 (1)∠eは$\overset{\frown}{AB}$に対する中心角であり，$\overset{\frown}{AB}$に対する円周角は∠ADBと∠ACB，すなわち∠bと∠cです。

(2)$\overset{\frown}{DC}$に対する円周角は∠fと∠gであり，∠aと∠dは円周上に頂点がないから円周角ではありません。

(3)∠aや∠dと他の角との関係は，∠aや∠dをふくむ三角形の内角と外角の関係として表すことができます。すなわち，△DBEにおいて，∠b＝∠a＋∠gが成り立ち，△CBFにおいて，∠d＝∠c＋∠gが成り立っています。

3 (1)x＝32　(2)x＝105　(3)x＝30，y＝90

(4)x＝80　(5)x＝80，y＝160

(6)x＝65，y＝115

解き方 1つの弧に対する円周角の大きさは，その弧に対する中心角の大きさの半分になります。

(1)1つの弧に対する円周角は等しいので，x＝32

(2)x＝$\frac{1}{2}$×(360－150)＝105

(3)1つの弧に対する円周角は等しいので，x＝30

三角形の内角と外角の関係から，

y＝30＋60＝90

(4)右の図のように線分をひくと，

x＝50＋30＝80

(5)右の図で，

∠CBD＝∠CAD＝40°

△CBEで，三角形の内角と外角の関係から，x＝120－40＝80

y＝2×80＝160

(6)右の図で，AD∥BCより，

∠DAC＝∠BCA＝25°

半円の弧に対する円周角だから，∠ACD＝90°

x＝180－(25＋90)＝65

∠AOC＝2x＝130

y＝$\frac{1}{2}$×(360－130)＝115

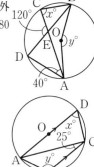

4 (1)x＝60　(2)x＝44　(3)x＝35

解き方 (1)∠DAC＝∠DBC＝30°なので，4点A，B，C，Dは1つの円周上にあります。

∠ABD＝∠ACD＝60°だから，三角形の内角と外角の関係より，x＝120－60＝60

(2)∠ADB＝∠ACB＝53°なので，4点A，B，C，Dは1つの円周上にあります。

∠BAC＝∠BDC＝x°だから，

x＝180－(35＋101)＝44

(3)∠ABD＝∠ACD＝90°なので，4点A，B，C，Dは1つの円周上にあります。
∠ADB＝∠ACB＝25°だから，
$x＝180－(25＋30＋90)＝35$

⑤ (1)

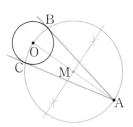

(2)

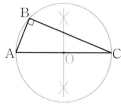

解き方

(1)点A，Oを直線で結び，線分AOの垂直二等分線をかきます。交点をMとして，Mを中心とする半径MAの円をかき，円Oとの交点をB，Cとします。AとB，AとCを直線で結びます。

(2)∠ABCは，線分ACが直径である半円の円周角であると考えます。線分ACの垂直二等分線をかき，その交点をOとします。Oを中心，OAを半径とした円をかけばよいです。

⑥ (1)△ABDと△FCEで，半円の弧に対する円周角だから，∠BAD＝90°より，
∠BAD＝∠CFE …①
$\overset{\frown}{AD}$に対する円周角だから，
∠ABD＝∠FCE …②
①，②から，2組の角がそれぞれ等しいので，
△ABD∽△FCE

(2)30°

解き方

(2)∠BCDは，半円の円周角だから90°であり，
$\overset{\frown}{AB}:\overset{\frown}{AD}＝1:2$より，
∠BCA：∠ACD＝1：2　よって，∠ACD＝60°
∠CEF＝180°－(90°＋60°)＝30°

理解のコツ

・1つの円では，弧の長さは円周角に比例するので，同じ弧に対する中心角と円周角の比が常に一定（2：1）だから，弧の長さは中心角にも比例することになるよ。

p.112～113　　　　ぴたトレ3

① (1)$x＝55$　(2)$x＝70$　(3)$x＝34$
(4)$x＝50$　(5)$x＝32$　(6)$x＝32$

解き方

(1)$x＝\dfrac{1}{2}×110＝55$

(2)$x＝180－(70＋40)＝70$

(3)$x＝90－56＝34$

(4)$x＝30＋20＝50$

(5)$\dfrac{1}{2}×120＝60$　$28＋x＝60$　$x＝60－28＝32$

(6)$21:56＝12:x$　$x＝32$

② (1)$\overset{\frown}{BC}$に対する円周角と中心角だから，
$∠BAC＝\dfrac{1}{2}∠BOC$
また，ODは∠BOCの二等分線だから，
$∠BOD＝\dfrac{1}{2}∠BOC$
①，②から，∠BAC＝∠BODとなり，
同位角が等しいから，OD∥AC

(2)$\dfrac{20}{9}π$ cm

解き方

(2)$\overset{\frown}{BC}$に対する中心角だから，
∠BOC＝2∠BAC＝2×50°＝100°
また，円Oの周の長さは$8π$(cm)
弧の長さと中心角の割合は等しくなるので，
$\overset{\frown}{BC}＝x$cmとすると，
$100:360＝x:8π$　$x＝\dfrac{20}{9}π$

③ (1)40°　(2)9 cm
(3)15°

解き方

(1)∠ABE＝∠ABC＋∠CBE，
∠CBE＝∠CDE＝25°
また，∠BOC＝(25°×2)×3＝150°だから，
∠AOC＝30°
したがって，∠ABC＝15°なので，
∠ABE＝25°＋15°＝40°

(2)(1)より，∠ABC＝15°，∠CBE＝25°
1つの円で，弧と円周角の比は等しいから，
$15:25＝\overset{\frown}{AC}:\overset{\frown}{CE}$となり，
$15:25＝\overset{\frown}{AC}:15$より，$\overset{\frown}{AC}＝9$cm

(3)∠BOD＝∠AOC＝30°なので，
∠DEB＝15°

④ (1)線分ACに対し同じ側にある∠B′と∠Dについて，長方形であったことから，

∠B′=∠D=90°

よって，円周角の定理の逆より，4点A，C，D，B′は1つの円周上にある。

(2)

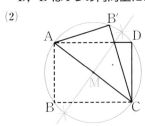

解き方 (2)△AB′Cに着目すると，円周角になる∠B′が90°であることから，線分ACは円の中心を通る直径であることがわかります。

よって，ACの垂直二等分線を作図し，これとの交点をMとして，Mを中心とする半径MAの円をかけばよいです。

⑤ (1)△DBE

(2)△ACEと△DBEで，

共通な角だから，

∠AEC=∠DEB …①

$\overparen{BC}$に対する円周角だから，

∠EAC=∠EDB …②

①，②から，2組の角がそれぞれ等しいので，

△ACE∽△DBE

(3)5cm

解き方 (3)AE：DE＝CE：BE

CE＝$x$cmとすると，

10：$(x+7)$＝x：6

$x^2+7x-60=0$　$(x+12)(x-5)=0$

$x>0$より，$x=5$

---

p.115　ぴたトレ**0**

① (1)$13\,\text{cm}^2$　(2)$17\,\text{cm}^2$

解き方 1辺が5cmの大きな正方形から，周りの直角三角形をひいて考えます。

(1)$5\times5-\left(\dfrac{1}{2}\times2\times3\right)\times4$

$=25-12=13\,(\text{cm}^2)$

(2)$5\times5-\left(\dfrac{1}{2}\times1\times4\right)\times4$

$=25-8=17\,(\text{cm}^2)$

② (1)$x=\pm3$　(2)$x=\pm\sqrt{13}$

(3)$x=\pm\sqrt{17}$　(4)$x=\pm4\sqrt{2}$

解き方 (1)$x^2=9$

$x=\pm\sqrt{9}=\pm3$

(4)$x^2=32$

$x=\pm\sqrt{32}=\pm4\sqrt{2}$

③ (1)$256\,\text{cm}^3$　(2)$180\pi\,\text{cm}^3$

解き方 角錐，円錐の体積を求める公式は，

$\dfrac{1}{3}\times$底面積$\times$高さです。

(1)底面の1辺が8cmで，高さが12cmの正四角錐です。

$\dfrac{1}{3}\times(8\times8)\times12=256\,(\text{cm}^3)$

(2)底面の半径が6cm，高さが15cmの円錐です。

$\dfrac{1}{3}\times(\pi\times6^2)\times15=180\pi\,(\text{cm}^3)$

p.117　ぴたトレ**1**

① (1)$x=4\sqrt{13}$　(2)$x=3\sqrt{3}$

解き方 三平方の定理を使って求めます。

(1)$12^2+8^2=x^2$　$x^2=144+64$　$x^2=208$

$x>0$であるから，$x=4\sqrt{13}$

(2)$x^2+3^2=6^2$　$x^2=36-9$　$x^2=27$

$x>0$であるから，$x=3\sqrt{3}$

② (1)いえる　(2)いえない

(3)いえない　(4)いえる

解き方 三角形の3辺のうち，最も長い辺をc，残りの2辺をa，bとすると，$a^2+b^2=c^2$が成り立つとき，その三角形は直角三角形といえます。

(1)$5^2+12^2=169$　$13^2=169$だから，直角三角形といえます。

(2)$8^2+24^2=640$　$25^2=625$だから，直角三角形と
　いえません。

(3)$(\sqrt{2})^2+2^2=6$　$2^2=4$だから，直角三角形とい
　えません。

(4)$2^2+4^2=20$　$(2\sqrt{5})^2=20$だから，直角三角形と
　いえます。

3 (1)㋐：$AB=2\sqrt{10}$ cm，$BC=\sqrt{37}$ cm，
　　　　$CA=\sqrt{65}$ cm
　　　㋑：$DE=\sqrt{74}$ cm，$EF=\sqrt{37}$ cm，
　　　　$FD=\sqrt{37}$ cm

(2)㋐：いえない　㋑：いえる

解き方 (1)求める辺を斜辺とする直角三角形を考えて，
三平方の定理を使って求めます。
　㋐：$AB^2=2^2+6^2=40$
　　　$AB>0$であるから，$AB=2\sqrt{10}$ cm
　　　$BC^2=1^2+6^2=37$
　　　$BC>0$であるから，$BC=\sqrt{37}$ cm
　　　$CA^2=4^2+7^2=65$
　　　$CA>0$であるから，$CA=\sqrt{65}$ cm
　㋑：$DE^2=7^2+5^2=74$
　　　$DE>0$であるから，$DE=\sqrt{74}$ cm
　　　$EF^2=1^2+6^2=37$
　　　$EF>0$であるから，$EF=\sqrt{37}$ cm
　　　$FD^2=1^2+6^2=37$
　　　$FD>0$であるから，$FD=\sqrt{37}$ cm

(2)㋐：$AB^2+BC^2\neq CA^2$なので，直角三角形とい
　えません。
　㋑：$EF^2+FD^2=DE^2$なので，直角三角形とい
　えます。

---

p.119　　　　　**ぴたトレ1**

1 (1)$2\sqrt{2}$ cm　(2)$\sqrt{13}$ cm

解き方 対角線の長さをx cmとします。
(1)$x^2=2^2+2^2=8$　$x>0$であるから，$x=2\sqrt{2}$
(2)$x^2=3^2+2^2=13$　$x>0$であるから，$x=\sqrt{13}$

2 高さ…$\sqrt{3}$ cm，面積…$\sqrt{3}$ cm²

解き方 右の図で，
$h:2=\sqrt{3}:2$より，$h=\sqrt{3}$
面積は，$\frac{1}{2}\times2\times\sqrt{3}=\sqrt{3}$（cm²）

3 ①9　②12　③24

解き方 中心からの距離が9 cmなので，OからABにひい
た垂線OHがその長さになります。
また，AB=2AHです。

4 $\sqrt{53}$

解き方 右の図のような直角三
角形ABCをつくると，

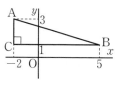
$AB^2=AC^2+BC^2$
　　　$=2^2+7^2$
　　　$=53$
$AB>0$であるから，$AB=\sqrt{53}$

p.121　　　　　**ぴたトレ1**

1 (1)13 cm　(2)$3\sqrt{3}$ cm

解き方 3辺の長さがa，b，cの直方体の対角線は，
$\sqrt{a^2+b^2+c^2}$で求められる。
(1)$\sqrt{3^2+12^2+4^2}=\sqrt{169}=13$（cm）
(2)$\sqrt{3^2+3^2+3^2}=\sqrt{27}=3\sqrt{3}$（cm）

2 (1)$6\sqrt{14}$ cm　(2)$288\sqrt{14}$ cm³
　(3)$(144\sqrt{15}+144)$ cm²

解き方 (1)OHが正四角錐の高さだから，
　△OAHで，$OH^2+AH^2=OA^2$
　また，ACは正方形ABCDの対角線だから，
　$12:AC=1:\sqrt{2}$　$AC=12\sqrt{2}$
　$AH=\frac{1}{2}AC=\frac{1}{2}\times12\sqrt{2}=6\sqrt{2}$
　よって，$OH^2+(6\sqrt{2})^2=24^2$より，$OH^2=504$
　$OH>0$であるから，$OH=6\sqrt{14}$ cm

(2)底面が1辺12 cmの正方形で，高さが$6\sqrt{14}$ cm
　の正四角錐の体積は，
　$\frac{1}{3}\times12^2\times6\sqrt{14}=288\sqrt{14}$（cm³）

(3)右の図のように，側面の二等辺
　三角形の，頂点Oから辺ABに
　垂線OMをひくと，
　$AM=BM=\frac{1}{2}\times12=6$
　△OAMで，$OM^2+6^2=24^2$より，
　$OM^2=576-36=540$
　$OM>0$であるから，
　$OM=6\sqrt{15}$ cm
　よって，表面積は，
　$\frac{1}{2}\times12\times6\sqrt{15}\times4+12^2=144\sqrt{15}+144$（cm²）

3 (1)$50\sqrt{3}$ cm²　(2)126 cm²

(1)右の図のように対角
線をひくと，4つの合
同な直角三角形がで
きます。

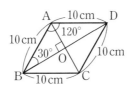

AO：AB：BO
$=1:2:\sqrt{3}$だから，
AO$=5$cm，BO$=5\sqrt{3}$cm
よって，$\frac{1}{2}\times10\times10\sqrt{3}=50\sqrt{3}$（cm^2）

(2)右の図のように，
頂点Aから辺BC
に垂線AHをひい
て考えます。
BH$=x$cmとして，
△ABHと△AHCの辺AHの長さの関係を式に
表すと，
$20^2-x^2=13^2-(21-x)^2$　これを解くと，$x=16$
AH$^2=20^2-16^2=144$
AH>0であるから，AH$=12$cm
よって，$\frac{1}{2}\times21\times12=126$（cm^2）

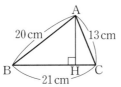

p.122～123 　　　　　　　　　　ぴたトレ2

❶ (1)$x=2\sqrt{5}$　(2)$x=40$　(3)$x=\sqrt{17}$

(1)$x^2=2^2+4^2$より，$x=2\sqrt{5}$
(2)$x^2+30^2=50^2$より，$x=40$
(3)$x^2=(\sqrt{5})^2+(2\sqrt{3})^2$より，$x=\sqrt{17}$

❷ (1)$x=\dfrac{16}{5}$　(2)$x=14$　(3)$x=18$

(1)BC$^2=3^2+4^2$より，BC$=5$
　△ABC∽△DAC より，
　$5:4=4:x$　$5x=16$　$x=\dfrac{16}{5}$
(2)BD$^2+12^2=15^2$より，BD$=9$
　DC$^2+12^2=13^2$より，DC$=5$
　$x=$BD$+$DC$=9+5=14$
(3)$30^2-x^2=$CD^2，$26^2-10^2=$CD^{2}だから，
　$30^2-x^2=26^2-10^2$より，$x=18$

❸ **1cmと3cm**

求める図形は右
の2種類です。
$2<\sqrt{5}$なので，
2cmの辺は斜辺
にはなりません。
求める辺の長さをそれぞれ，x，yとすると，
$x^2+2^2=(\sqrt{5})^2$より，$x=1$
$2^2+(\sqrt{5})^2=y^2$より，$y=3$

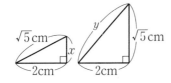

❹ (1)**二等辺三角形**　(2)**正三角形**
(3)**直角二等辺三角形**　(4)**直角三角形**

斜辺の2乗が他の2辺の2乗の和になっていれば，
直角三角形になります。
(1)$4^2+4^2=32$　$5^2=25$なので，直角三角形ではあ
りません。
(2)$\sqrt{12}=2\sqrt{3}$だから，正三角形になります。
(3)$3^2+3^2=(3\sqrt{2})^2$が成り立ち，2辺が等しいので，
直角二等辺三角形になります。
(4)$(\sqrt{2})^2+(\sqrt{3})^2=(\sqrt{5})^2$が成り立つので，直角三
角形になります。

❺ **D$(\sqrt{13},\ 3)$**

AB$^2=$BO$^2+$AO^{2}より，
AB$^2=2^2+3^2=13$　AB>0より，AB$=\sqrt{13}$
AD$=$AB$=\sqrt{13}$だから，$(\sqrt{13},\ 3)$

❻ **およそ25.3km**

右の図のように直角三角形
ABCをつくり，ACの長さ
を求めればよいです。
AB$=0.05+6378$，BC$=6378$
AC$^2=$AB$^2-$BC^2
$\quad=(0.05+6378)^2-6378^2=637.8025$
AC$=25.25\cdots$

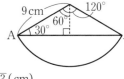

地球

❼ (1)$6\sqrt{2}$cm　(2)$120°$　(3)$9\sqrt{3}$cm

(1)高さを$h$cmとすると，
　$h^2+3^2=9^2$より，$h=6\sqrt{2}$
(2)$360°\times\dfrac{6\pi}{18\pi}=120°$
(3)右の図のとき，ひもの長さは最短になります。
　$1:2:\sqrt{3}$の三角形
　ができるので，
　$\dfrac{1}{2}$AA$'=\dfrac{9\sqrt{3}}{2}$
　AA$'=\dfrac{9\sqrt{3}}{2}\times2=9\sqrt{3}$（cm）

理解の**コツ**

・三平方の定理を使って辺の長さを計算するとき，必
ず平方根の計算が出てくるよ。したがって，平方根
の計算が確実にできるようにしておくことが大切だ
よ。

p.124～125 　　　　　　　　　　ぴたトレ3

❶ (1)$x=3$　(2)$x=14$　(3)$x=3\sqrt{2}$
(4)$x=6\sqrt{2}$

(1) 二等辺三角形だから，

$BD = 8 \times \frac{1}{2} = 4$　$x^2 + 4^2 = 5^2$　$x^2 = 9$

$x > 0$ であるから，$x = 3$

(2) 下の図のように，

Dから BC に垂線 DH をひくと，

$HC^2 + 8^2 = 10^2$

$HC^2 = 36$ で，

$HC > 0$ より，

$HC = 6\,cm$

$x = BH + HC$

$\quad = 8 + 6$

$\quad = 14$

(3) △ABC は直角二等辺三角形です。

$x : 6 = 1 : \sqrt{2}$ だから，

$\sqrt{2}\,x = 6$　$x = \dfrac{6}{\sqrt{2}} = \dfrac{6\sqrt{2}}{2} = 3\sqrt{2}$

(4) $x^2 + x^2 = 12^2$ より，

$2x^2 = 144$　$x^2 = 72$　$x > 0$ であるから，

$x = 6\sqrt{2}$

❷ (1)④　(2)⑦　(3)⑦　(4)⑤

代表的な三角形の辺の比は，次のとおりです。

直角二等辺三角形

直角三角形

❸ (1) $9\,cm$　(2) $27\,cm^2$

右の図を利用して考えます。

(1) ∠C = 135° より，

∠CAH = ∠ACH

$\quad = 45°$

よって，△ACH は直角二等辺三角形です。

また，辺の比は $AC : AH = \sqrt{2} : 1$ となるので，

$9\sqrt{2} : AH = \sqrt{2} : 1$　$AH = 9$

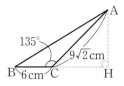

(2) $\dfrac{1}{2} \times 6 \times 9 = 27\,(cm^2)$

❹ $2\sqrt{2}\,cm$

$PD = SD = 2\,cm$，$RC = SC = 4\,cm$　また，点D から辺 BC に垂線をひいて交点を H とする。

$HC = 4 - 2 = 2$ と表せるので，$DH^2 + HC^2 = DC^2$

$DH^2 + 2^2 = 6^2$　$DH = 4\sqrt{2}\,cm$

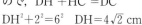
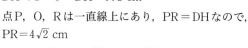

点 P，O，R は一直線上にあり，$PR = DH$ なので，$PR = 4\sqrt{2}\,cm$

よって，半径は $4\sqrt{2} \div 2 = 2\sqrt{2}\,(cm)$

❺ ∠B = 90° の直角二等辺三角形

右の図から，三平方の定理より，

$AC^2 = 3^2 + 9^2$

$AC = 3\sqrt{10}$

$AB^2 = 3^2 + 6^2$

$AB = 3\sqrt{5}$

$BC^2 = 3^2 + 6^2$

$BC = 3\sqrt{5}$

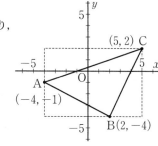

よって，$AC : AB : BC = \sqrt{2} : 1 : 1$

これは，直角二等辺三角形の3辺の比に等しくなります。

❻ (1) $2\sqrt{3}\,cm$　(2) $(16\sqrt{3} + 16)\,cm^2$

(3) $\dfrac{32\sqrt{2}}{3}\,cm^3$

(1) $BF = 4 \times \dfrac{1}{2} = 2$ だから，

$AF^2 + 2^2 = 4^2$　$AF^2 = 12$　$AF > 0$ より，

$AF = 2\sqrt{3}\,cm$

(2) △ABC の面積は，

$\dfrac{1}{2} \times 4 \times 2\sqrt{3} = 4\sqrt{3}\,(cm^2)$

立体の表面積は，

(△ABC の面積) × 4 + (正方形 BCDE) だから，

$4\sqrt{3} \times 4 + 4^2 = 16\sqrt{3} + 16\,(cm^2)$

(3)下の図のように，BDとCEの交点をOとすると，
BC：BD＝1：$\sqrt{2}$だから，
1：$\sqrt{2}$＝4：BDより，
BD＝$4\sqrt{2}$
BO＝$4\sqrt{2} \times \dfrac{1}{2}$
$\quad$＝$2\sqrt{2}$

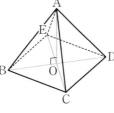

△ABOで三平方の定
理を利用して，
$BO^2 + AO^2 = AB^2$だから，
$(2\sqrt{2})^2 + AO^2 = 4^2$
$8 + AO^2 = 16$
$AO^2 = 8$
AO＞0であるから，AO＝$\sqrt{8} = 2\sqrt{2}$
立体の体積は，
$\dfrac{1}{3} \times 4 \times 4 \times 2\sqrt{2} = \dfrac{32\sqrt{2}}{3}$（cm³）

7 $3\sqrt{53}$ cm

解き方 最短の長さは，下の図のように表されます。
$6^2 + (6+9+6)^2 = AH^2$　$AH^2 = 477$
$AH = 3\sqrt{53}$

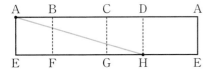

8 108π cm²

解き方 △AHOについて，
$AH^2 + OH^2 = AO^2$
より，
$AH^2 + 6^2 = 12^2$
これを解いて，
$AH = 6\sqrt{3}$ cm
よって，切り口の面積は，
$\pi \times (6\sqrt{3})^2 = 108\pi$（cm²）

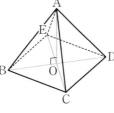

8章　標本調査

p.127 ぴたトレ0

1 (1)0.27　(2)0.60

解き方 1000回の結果を使って相対度数を求めます。
(1)$265 \div 1000 = 0.2\overset{7}{6}5$
(2)$602 \div 1000 = 0.6\overset{0}{0}2$

2 (1)0.4倍　(2)2.5倍

解き方 割合＝くらべる量÷もとにする量で求められます。
(1)中庭全体の面積に対する花壇の面積の割合だから，くらべる量は花壇の面積，もとにする量は中庭全体の面積です。
　$240 \div 600 = 0.4$（倍）
(2)$600 \div 240 = 2.5$（倍）

3 1960円

解き方 3割引きということは，定価の$(10-3)$割で買うことになります。
$2800 \times (1-0.3) = 1960$（円）

p.129 ぴたトレ1

1 (1)標本調査　(2)全数調査　(3)標本調査
　(4)全数調査

解き方 (1)テレビを視聴している全世帯で調査することは難しく，一部から全体を推測できるので，標本調査でよいです。
(3)全体のおよそのようすを知ることができればよいので，標本調査でよいです。

2 母集団…A県在住の中学3年生23519人
標本…選び出した200人
標本の大きさ…200

解き方 母集団は，調査の対象となるもとの集団です。何を調べるのかを読み取りましょう。
標本は，調査するために母集団から取り出した一部分です。

3 乱数表を使う

解き方 ほかにも，乱数さいを使う方法やコンピュータを使う方法などがあります。
標本を取り出すときには，偏りなく公平に取り出す工夫をしなければいけないため，上のような方法を使います。

4 50.5 kg

解き方 (46＋51＋54＋49＋45＋58＋49＋62＋48＋43)÷10
＝50.5(kg)

p.131 ぴたトレ**1**

1 (1)母集団…ある池の魚の数
　　標本…2週間後に捕まえた500匹
　　標本の大きさ…500

(2)およそ8300匹

解き方 (1)最初に捕まえて目印をつけた100匹は，標本で
はないので注意しましょう。
(2)池にいる魚の数をx匹とすると，
　$x：100＝500：6$
　これを解くと，$x＝8333.3\cdots$
　だから，およそ8300匹いると推定できます。

2 およそ128個

解き方 箱の中の80g未満のみかんの数をx個とすると，
$560：x＝70：16$
これを解くと，$x＝128$
だから，およそ128個入っていると推定できます。

3 ①標本　②標本平均　③総ページ数

解き方 標本平均と母集団の平均がほぼ等しくなります。
このことから，全体の数を求めます。
❹は，標本平均(1ページの文字数の平均)から，
全体の数を求める式をつくります。

p.132〜133 ぴたトレ**2**

1 ㋐，㋔，㋕

解き方 すべての結果が必要ならば全数調査，一部の標本
の結果でおおまかな予想を立てるなら標本調査で
す。

2 (1)ある市の中学3年生全員の3872人

(2)標本…無作為に抽出した100人
　標本の大きさ…100

(3)およそ72.5点

解き方 (3)無作為に抽出しているので，標本平均と母集団
の平均はほぼ等しくなります。

3 (1)○　(2)×　(3)×

解き方 (2)ある地区の生徒に偏ってしまうため，適してい
ません。
(3)所属している部活のスポーツに偏ってしまうた
め，適していません。

4 およそ210匹

解き方 養殖場にいるマグロの数をx匹とすると，
$x：40＝32：6$
これを解くと，$x＝213.3\cdots$
だから，およそ210匹いると推定できます。

5 (1)およそ0.7　(2)およそ168個

解き方 (1)標本調査で得られた数量の割合と母集団の数量
の割合は等しいと考えられます。
$14÷(14＋6)＝0.7$
(2)(1)より，白い碁石の数は全体の0.7と考えられ
るから，$240×0.7＝168$(個)入っていると推定
できます。

別解
袋の中の白い碁石の数をx個とすると，
$240：x＝(14＋6)：14$
これを解くと，$x＝168$

6 (1)11.6本　(2)およそ4930本

解き方 (1)(5＋12＋9＋10＋8＋13＋12＋15＋13＋12＋
18＋10＋11＋4＋14＋15＋13＋12＋10＋16)
÷20＝11.6(本)
(2)(1)より，1人が1週間で集めた平均の本数がわ
かったので，これが全校生徒分と考えて，
$11.6×425＝4930$(本)

理解のコツ

・標本を無作為に抽出したときの標本平均や割合は，
母集団の値に近くなることを利用して問題に取り組
もう。

p.134〜135 ぴたトレ**3**

1 (1)全数調査　(2)標本調査

解き方 (1)生徒全員の視力を確認しなければならないので
全数調査です。
(2)一部だけの調査で全体を推定すればよいので標
本調査です。

2 (1)この市の人口18000人

(2)無作為に抽出した200人

(3)200

解き方 (2)標本は，調査のために母集団から取り出された
一部分です。

❸ (1)46 kg, 41 kg, 52 kg, 48 kg, 46 kg

(2)**46.6 kg**

解き方

(1)発生させた乱数の中から，30までの番号にあてはまるもので同じ数を除いたものを，はじめから5つ選びます。

02, 06, 84, 43, 68, 97, 05, 40, 55, 06, 27, 16, …

└──── 2番目に出てくる数と同じ

(2)(1)で抽出した標本の平均を求めます。

(46＋41＋52＋48＋46)÷5＝46.6(kg)

❹ **およそ47匹**

解き方

池にいるカメの数をx匹とすると，

$x:25＝15:8$

これを解くと，$x＝46.875$

だから，およそ47匹いると推定できます。

❺ (1)**0.6%** (2)**およそ60個** (3)**およそ30200個**

解き方

(1)$3÷500×100＝0.6(\%)$

(2)(1)より，不良品の数は全体の0.6%ふくまれていると考えられるから，

$10000×0.006＝60$(個)入っていると推定できます。

(3)x個生産するとすると，

$x×(1－0.006)＝30000$より，

$x＝30181.08…$

だから，不良品ではない製品を用意するには，およそ30200個生産すればよいです。

❻ (1)**15.6語** (2)**およそ9400語**

解き方

(1)$(12＋15＋11＋16＋19＋14＋18＋18＋17＋16)÷10＝15.6(語)$

(2)(1)より，1ページ平均の見出し語は15.6語だから，この英和辞典に掲載されている見出し語は，

$15.6×600＝9360(語)$

p.138〜139　予想問題 1

出題傾向

多項式の計算の重要な問題は得点源にもなるので，ケアレスミスをすることなく，1問1問正確に素早く解けるように練習することで必ず解き方が身につきます。公式にあてはめながらくり返し解く練習をしよう。

❶ $(1)6x^2y-15xy^2$　$(2)-3a^2+4ab$　$(3)3ab-2$

$(4)-3xy+5$

解き方

$(1)3xy(2x-5y)$
$\quad=3xy\times2x+3xy\times(-5y)$
$\quad=6x^2y-15xy^2$

$(2)-\dfrac{1}{2}a(6a-8b)$

$\quad=-\dfrac{1}{2}a\times6a-\dfrac{1}{2}a\times(-8b)$

$\quad=-3a^2+4ab$

$(3)(9a^2b-6a)\div3a$

$\quad=\dfrac{9a^2b}{3a}-\dfrac{6a}{3a}$

$\quad=3ab-2$

$(4)(9x^2y-15x)\div(-3x)$

$\quad=\dfrac{9x^2y}{-3x}-\dfrac{15x}{-3x}$

$\quad=-3xy+5$

❷ $(1)3x^2+10x-8$　$(2)x^2+6x-7$

$(3)3x^2+3xy-2x+y-1$

$(4)2x^2-13x+18$　$(5)x^2-18x+81$

$(6)4y^2-28y+49$　$(7)9t^2-42t+49$

$(8)a^2-25b^2$　$(9)9x^2-16y^2$

$(10)m^2-\dfrac{4}{25}$

解き方

$(1)(x+4)(3x-2)$
$\quad=x\times3x+x\times(-2)+4\times3x+4\times(-2)$
$\quad=3x^2-2x+12x-8$
$\quad=3x^2+10x-8$

$(2)(x-1)(x+7)$
$\quad=x^2+(-1+7)x+(-1)\times7$
$\quad=x^2+6x-7$

$(3)(3x+1)(x+y-1)$
$\quad x+y-1$ を A と置くと，
$\quad(3x+1)A$
$\quad=3xA+A$
$\quad=3x(x+y-1)+(x+y-1)$
$\quad=3x^2+3xy-3x+x+y-1$
$\quad=3x^2+3xy-2x+y-1$

$(4)(2x-9)(x-2)$
$\quad=2x\times x+2x\times(-2)-9\times x-9\times(-2)$
$\quad=2x^2-4x-9x+18$
$\quad=2x^2-13x+18$

(5)公式3 $(x-a)^2=x^2-2ax+a^2$ より，
$\quad(x-9)^2$
$\quad=x^2-2\times9\times x+9^2$
$\quad=x^2-18x+81$

$(7)(-7+3t)^2$
$\quad=(3t-7)^2$
$\quad=(3t)^2-2\times7\times3t+7^2$
$\quad=9t^2-42t+49$

(8)公式4 $(x+a)(x-a)=x^2-a^2$ より，
$\quad(a+5b)(a-5b)$
$\quad=a^2-(5b)^2$
$\quad=a^2-25b^2$

$(10)\left(m+\dfrac{2}{5}\right)\left(m-\dfrac{2}{5}\right)$

$\quad=m^2-\left(\dfrac{2}{5}\right)^2$

$\quad=m^2-\dfrac{4}{25}$

❸ $(1)2491$　$(2)159201$

解き方

展開の公式を使って，式を工夫して計算します。

$(1)47\times53=(50-3)(50+3)$
$\qquad\qquad=50^2-3^2$
$\qquad\qquad=2500-9$
$\qquad\qquad=2491$

$(2)399^2=(400-1)^2$
$\qquad\quad=400^2-2\times1\times400+1^2$
$\qquad\quad=160000-800+1$
$\qquad\quad=159201$

❹ $(1)2xy(x-3y)$　$(2)(x-1)(x-11)$

$(3)(x+3)(x-5)$　$(4)(x+3y)(x-3y)$

$(5)2(2x+3)(2x-3)$　$(6)4(a-3)^2$

$(7)3(x-2)^2$　$(8)(x+0.4)(x-0.4)$

$(9)(x+5+5y)(x+5-5y)$　$(10)(a+6)(b-1)$

(1)共通な因数をくくり出します。

共通な因数は$2xy$なので,

$2x^2y-6xy^2=2xy(x-3y)$

(2)公式1' $x^2+(a+b)x+ab=(x+a)(x+b)$ より,

$x^2-12x+11$

$=x^2+(-1-11)x+(-1)\times(-11)$

$=(x-1)(x-11)$

(3)$x^2-2x-15$

$=x^2+(3-5)x+3\times(-5)$

$=(x+3)(x-5)$

(4)公式4' $x^2-a^2=(x+a)(x-a)$ より,

$x^2-9y^2=x^2-(3y)^2$

$=(x+3y)(x-3y)$

(5)$-18+8x^2$

$=8x^2-18$

$=2(4x^2-9)$

$=2\{(2x)^2-3^2\}$

$=2(2x+3)(2x-3)$

(6)$4a^2-24a+36$

$=4(a^2-6a+9)$

$=4(a-3)^2$

(7)$3x^2-12x+12$

$=3(x^2-4x+4)$

$=3(x-2)^2$

(8)$x^2-0.16$

$=x^2-0.4^2$

$=(x+0.4)(x-0.4)$

(9)$(x+5)^2-25y^2$

$x+5$をAと置くと,

A^2-25y^2

$=A^2-(5y)^2$

$=(A+5y)(A-5y)$

$=(x+5+5y)(x+5-5y)$

(10)$ab+6b-a-6$

$=b(a+6)-(a+6)$

$a+6$をAと置くと,

$bA-A$

$=A(b-1)$

$=(a+6)(b-1)$

❺ (1)**9800** (2)**95**

(1)$x^2+2xy+y^2-1$

$=(x+y)^2-1^2$

$=(x+y+1)(x+y-1)$

これにxとyの値を代入すると,

$(79+20+1)\times(79+20-1)$

$=100\times98$

$=9800$

(2)$x^2+xy=x(x+y)$

これにxとyの値を代入すると,

$9.5\times(9.5+0.5)$

$=9.5\times10=95$

❻ 連続する2つの整数をn, $n+1$とすると,2つ
の整数をそれぞれ2乗した数の和から1をひいた
数は,

$n^2+(n+1)^2-1=n^2+n^2+2n+1-1$

$=2n^2+2n=2n(n+1)$

よって,連続する2つの整数をそれぞれ2乗した
数の和から1をひいた数は,この2つの整数の積
の2倍に等しい。

連続する2つの整数の小さいほうの数をnとすると,
大きいほうの数は$n+1$と表せます。

❼ $(\pi a^2+12\pi a)$ cm²

大きな円の半径は$(6+a)$ cmだから,面積は,

$\pi(6+a)^2$ cm²

小さな円の面積は,36π cm²

よって,増えた面積は,

$\pi(6+a)^2-36\pi$

$=\pi(36+12a+a^2)-36\pi$

$=\pi a^2+12\pi a$ (cm²)

平方根の問題は，計算として出題される場合もありますが，他の単元の問題でも扱われるため，確実に理解しておく必要があります。1問1問を確実に解けるようにしよう。計算が中心なので，ケアレスミスは十分に気をつけよう。

① (1)$-\dfrac{3}{4}$　(2)0.7　(3)6　(4)15

解き方

(1) $-\sqrt{\dfrac{36}{64}}$

$=-\sqrt{\dfrac{6^2}{8^2}}$

$=-\dfrac{6}{8}=-\dfrac{3}{4}$

(2) $\sqrt{0.49}$

$=\sqrt{0.7\times0.7}$

$=\sqrt{0.7^2}=0.7$

(3) $\sqrt{(-6)^2}$

$=\sqrt{(-6)\times(-6)}$

$=\sqrt{36}=\sqrt{6^2}=6$

(4) $(-\sqrt{15})^2$

$=(-\sqrt{15})\times(-\sqrt{15})$

$=15$

② (1)$-\sqrt{26}<-5$　(2)$2\sqrt{2}<\dfrac{7}{2}<\sqrt{13}$

解き方

(1) $-5=-\sqrt{25}$　$26>25$ より，

$-\sqrt{26}<-\sqrt{25}$だから，$-\sqrt{26}<-5$

(2) $\dfrac{7}{2}=\sqrt{\dfrac{49}{4}}$，$2\sqrt{2}=\sqrt{8}$　根号の中の数を比べる

と，$8<\dfrac{49}{4}<13$ となります。

よって，$\sqrt{8}<\sqrt{\dfrac{49}{4}}<\sqrt{13}$より，

$2\sqrt{2}<\dfrac{7}{2}<\sqrt{13}$

③ (1)$1.490\times10^8\,\mathrm{km}$

(2)$3.78\times10^5\,\mathrm{km}^2$

解き方

(1)有効数字は1，4，9，0だから，

$149000000=1.490\times(10$ の累乗$)$ なので，1.490 を何倍したら149000000になるかを考えます。

(2)有効数字は3，7，8です。$3.78\times(10$ の累乗$)$ をつくります。

④ 1.15

解き方

$\dfrac{2}{\sqrt{3}}=\dfrac{2\times\sqrt{3}}{\sqrt{3}\times\sqrt{3}}=\dfrac{2\sqrt{3}}{3}$

この式に，$\sqrt{3}=1.732$ を代入して，

$\dfrac{2\times1.732}{3}=\dfrac{3.464}{3}=1.154\cdots\cdots$

⑤ (1)$6\sqrt{3}$　(2)$-8\sqrt{6}$　(3)$2\sqrt{5}$　(4)-6

(5)$\sqrt{10}$　(6)$-2\sqrt{2}$

解き方

(1)$\sqrt{a}\times\sqrt{b}=\sqrt{a\times b}$より，

$\sqrt{6}\times\sqrt{18}=\sqrt{6\times18}$

$=\sqrt{2\times3\times2\times3\times3}$

$=6\sqrt{3}$

(2)$\sqrt{8}\times(-\sqrt{48})=2\sqrt{2}\times(-4\sqrt{3})$

$=-2\times4\times\sqrt{2\times3}$

$=-8\sqrt{6}$

(3)$2\sqrt{15}\div\sqrt{3}=\dfrac{2\sqrt{15}}{\sqrt{3}}$

$=2\sqrt{\dfrac{15}{3}}$

$=2\sqrt{5}$

(4)$\sqrt{180}\div(-\sqrt{5})=-\dfrac{\sqrt{180}}{\sqrt{5}}$

$=-\sqrt{\dfrac{180}{5}}$

$=-\sqrt{36}$

$=-6$

(5)$\sqrt{8}\div\sqrt{12}\times\sqrt{15}=\dfrac{\sqrt{8}\times\sqrt{15}}{\sqrt{12}}$

$=\sqrt{\dfrac{8\times15}{12}}$

$=\sqrt{10}$

(6)$\sqrt{24}\times(-\sqrt{3})\div\sqrt{9}=-\dfrac{\sqrt{24}\times\sqrt{3}}{\sqrt{9}}$

$=-\sqrt{\dfrac{24\times3}{9}}$

$=-\sqrt{8}$

$=-2\sqrt{2}$

⑥ (1)$8\sqrt{2}$　(2)$-\sqrt{2}$　(3)$3\sqrt{3}$　(4)$13\sqrt{2}$

(5)$\sqrt{5}$　(6)$4\sqrt{2}-\sqrt{3}$

解き方

(1)$\sqrt{8}+\sqrt{72}=2\sqrt{2}+6\sqrt{2}$

$=8\sqrt{2}$

(2)$\sqrt{18}-\sqrt{32}=3\sqrt{2}-4\sqrt{2}$

$=-\sqrt{2}$

(3)$4\sqrt{3}-\sqrt{27}+\sqrt{12}=4\sqrt{3}-3\sqrt{3}+2\sqrt{3}$

$=3\sqrt{3}$

(4)$\sqrt{32}+5\sqrt{18}-\sqrt{72}=4\sqrt{2}+5\times3\sqrt{2}-6\sqrt{2}$

$=4\sqrt{2}+15\sqrt{2}-6\sqrt{2}$

$=13\sqrt{2}$

(5)$5\sqrt{20}-3\sqrt{125}+2\sqrt{45}$

$\quad=5\times2\sqrt{5}-3\times5\sqrt{5}+2\times3\sqrt{5}$

$\quad=10\sqrt{5}-15\sqrt{5}+6\sqrt{5}$

$\quad=\sqrt{5}$

(6)$2\sqrt{18}-4\sqrt{3}-\sqrt{8}+\sqrt{27}$

$\quad=2\times3\sqrt{2}-4\sqrt{3}-2\sqrt{2}+3\sqrt{3}$

$\quad=6\sqrt{2}-4\sqrt{3}-2\sqrt{2}+3\sqrt{3}$

$\quad=4\sqrt{2}-\sqrt{3}$

❼ (1)$6-6\sqrt{2}$　(2)$7-2\sqrt{10}$　(3)$7+2\sqrt{6}$

　　(4)-1　(5)$-7-2\sqrt{6}$　(6)-4

解き方

展開の公式を利用します。

$(x+a)(x+b)=x^2+(a+b)x+ab$

$(x+a)^2=x^2+2ax+a^2$

$(x-a)^2=x^2-2ax+a^2$

$(x+a)(x-a)=x^2-a^2$

(1)$\sqrt{3}(\sqrt{12}-2\sqrt{6})=\sqrt{3}(2\sqrt{3}-2\sqrt{6})$

$\qquad\qquad\qquad\quad=\sqrt{3}\times2\sqrt{3}-\sqrt{3}\times2\sqrt{6}$

$\qquad\qquad\qquad\quad=2\times3-2\sqrt{18}$

$\qquad\qquad\qquad\quad=6-2\times3\sqrt{2}$

$\qquad\qquad\qquad\quad=6-6\sqrt{2}$

(2)$(\sqrt{5}-\sqrt{2})^2=(\sqrt{5})^2-2\times\sqrt{2}\times\sqrt{5}+(\sqrt{2})^2$

$\qquad\qquad\qquad=5-2\sqrt{10}+2$

$\qquad\qquad\qquad=7-2\sqrt{10}$

(3)$(1+\sqrt{6})^2=1^2+2\times\sqrt{6}\times1+(\sqrt{6})^2$

$\qquad\qquad\quad=1+2\sqrt{6}+6$

$\qquad\qquad\quad=7+2\sqrt{6}$

(4)$(\sqrt{7}+2\sqrt{2})(\sqrt{7}-2\sqrt{2})$

$\quad=(\sqrt{7})^2-(2\sqrt{2})^2$

$\quad=7-8=-1$

(5)$(\sqrt{2}+\sqrt{3})(\sqrt{2}-3\sqrt{3})$

$\quad=(\sqrt{2})^2+(\sqrt{3}-3\sqrt{3})\times\sqrt{2}+\sqrt{3}\times(-3\sqrt{3})$

$\quad=2-2\sqrt{3}\times\sqrt{2}-3\times3$

$\quad=2-2\sqrt{6}-9=-7-2\sqrt{6}$

(6)$(\sqrt{5}-3)(\sqrt{5}+3)$

$\quad=(\sqrt{5})^2-3^2$

$\quad=5-9=-4$

❽ (1)$8\sqrt{3}$　(2)8つ

解き方

(1)$a+b=(2+\sqrt{3})+(2-\sqrt{3})=4$

$\quad a-b=(2+\sqrt{3})-(2-\sqrt{3})=2\sqrt{3}$

$\quad$よって，$a^2-b^2=(a+b)(a-b)$

$\qquad\qquad\qquad\quad=4\times2\sqrt{3}=8\sqrt{3}$

(2)$4<\sqrt{x}<5$の各辺を2乗すると，

$\quad4^2<(\sqrt{x})^2<5^2$，$16<x<25$より，

$\quad x=17$，18，19，……，24の8つです。

❾ **44.4m²**

解き方

花を植える部分の面積の1辺の長さは，$(\sqrt{75}-2)$m

なので，正方形の面積は，

$(\sqrt{75}-2)^2=(5\sqrt{3}-2)^2$

$\quad=75-20\sqrt{3}+4=79-20\sqrt{3}$

$\sqrt{3}=1.732\cdots$だから，

$79-20\sqrt{3}=79-20\times1.732\cdots$

$\qquad\qquad\quad=44.36\cdots$

出題傾向

計算問題，図形に複合された問題，文章題と，出題の形はさまざまであるため，基本的な計算のしかたは，ひと通り身につけよう。いくつかのパターンがあるので，練習を重ねていくとよいです。因数分解を多用するので，計算練習をくり返しながら確実な計算力を身につけよう。

❶ (1)$y=4$, $y=-6$　(2)$x=-2$, $x=5$

(3)$m=6$, $m=9$　(4)$x=\pm 9$

(5)$x=2$　(6)$x=\pm 5$

(7)$x=10$　(8)$x=-5$, $x=4$

解き方

(1)$(y-4)(y+6)=0$　より，

$y-4=0$, $y+6=0$

$y=4$, $y=-6$

(2)$x^2-3x-10=0$　左辺を因数分解すると，

$(x+2)(x-5)=0$　より，

$x+2=0$, $x-5=0$

$x=-2$, $x=5$

(3)$m^2-15m+54=0$　左辺を因数分解すると，

$(m-6)(m-9)=0$　より，

$m-6=0$, $m-9=0$

$m=6$, $m=9$

(4)$x^2-81=0$　左辺を因数分解すると，

$(x+9)(x-9)=0$　より，

$x+9=0$, $x-9=0$

$x=-9$, $x=9$

(5)$x^2+4=4x$　より，$x^2-4x+4=0$

左辺を因数分解すると，$(x-2)^2=0$　より，

$x-2=0$, $x=2$

(6)$2x^2-50=0$

$x^2-25=0$

$(x+5)(x-5)=0$

$x=-5$, $x=5$

(7)$(x-9)^2=2x-19$

$x^2-18x+81-2x+19=0$

$x^2-20x+100=0$

$(x-10)^2=0$

$x=10$

(8)$(x-1)(x+2)=18$

$x^2+x-2-18=0$

$x^2+x-20=0$

$(x+5)(x-4)=0$

$x=-5$, $x=4$

❷ (1)$x=4\pm 2\sqrt{7}$　(2)$x=-2\pm\sqrt{5}$

解き方

(1)$(x-4)^2=28$

$x-4=\pm 2\sqrt{7}$

$x=4\pm 2\sqrt{7}$

(2)$x^2+4x=1$　両辺に$\left(\dfrac{4}{2}\right)^2$を加えると，

$x^2+4x+4=1+4$　左辺を因数分解すると，

$(x+2)^2=5$　$x+2=\pm\sqrt{5}$

$x=-2\pm\sqrt{5}$

❸ (1)$x=\dfrac{-5\pm\sqrt{57}}{8}$　(2)$x=\dfrac{5\pm\sqrt{15}}{2}$

(3)$x=\dfrac{7\pm\sqrt{61}}{6}$　(4)$x=\dfrac{-3\pm\sqrt{7}}{2}$

解き方

解の公式より，$ax^2+bx+c=0$の解は，

$x=\dfrac{-b\pm\sqrt{b^2-4ac}}{2a}$なので，それぞれ，$a$, b, cの値をあてはめて解を求めます。

(1)$4x^2+5x-2=0$より，$a=4$, $b=5$, $c=-2$なので，

$x=\dfrac{-5\pm\sqrt{5^2-4\times4\times(-2)}}{2\times4}$

$=\dfrac{-5\pm\sqrt{25+32}}{8}$

$=\dfrac{-5\pm\sqrt{57}}{8}$

(2)$2x^2-10x+5=0$より，$a=2$, $b=-10$, $c=5$なので，

$x=\dfrac{-(-10)\pm\sqrt{(-10)^2-4\times2\times5}}{2\times2}$

$=\dfrac{10\pm\sqrt{100-40}}{4}$

$=\dfrac{10\pm\sqrt{60}}{4}$

$=\dfrac{10\pm2\sqrt{15}}{4}$

$=\dfrac{5\pm\sqrt{15}}{2}$

(3)$3x^2-1=7x$　$3x^2-7x-1=0$　より，

$a=3$, $b=-7$, $c=-1$なので，

$x=\dfrac{-(-7)\pm\sqrt{(-7)^2-4\times3\times(-1)}}{2\times3}$

$=\dfrac{7\pm\sqrt{49+12}}{6}$

$=\dfrac{7\pm\sqrt{61}}{6}$

(4)$2x^2+6x+1=0$より，$a=2$, $b=6$, $c=1$なので，

$x=\dfrac{-6\pm\sqrt{6^2-4\times2\times1}}{2\times2}$

$=\dfrac{-6\pm\sqrt{36-8}}{4}$

$=\dfrac{-6\pm\sqrt{28}}{4}$

$=\dfrac{-6\pm2\sqrt{7}}{4}$

$=\dfrac{-3\pm\sqrt{7}}{2}$

④ $a=-5$，ほかの解 $x=2$

解き方
解が $x=3$ なので，$x^2+ax+6=0$ に代入すると，
$3^2+a\times3+6=0$　$9+3a+6=0$　$a=-5$
$a=-5$ を $x^2+ax+6=0$ に代入すると，
$x^2-5x+6=0$　$(x-2)(x-3)=0$　$x=2$，$x=3$

⑤ （例）$x^2+2x-15=0$

解き方
$x=3$，$x=-5$ になる2次方程式は，
$(x-3)(x+5)=0$　よって，$x^2+2x-15=0$

⑥ 9，11

解き方
連続する2つの奇数を $2n+1$，$2n+3$ とすると，
$(2n+1)^2+(2n+3)^2=202$
これを解くと，$n=-6$，$n=4$　$n>0$ より，$n=4$
これは問題の答えとしてよいです。
よって，$2\times4+1=9$ より，これらの奇数は9，11

⑦ 4，9

解き方
1つの数を x とすると，もう一方の数は $13-x$，
この2つの積が36なので，
$x(13-x)=36$
$13x-x^2=36$
$-x^2+13x-36=0$
$x^2-13x+36=0$
$(x-4)(x-9)=0$
$x=4$，$x=9$
これは問題の答えとしてよいです。
$x=4$ のとき，もう一方の解は9
$x=9$ のとき，もう一方の解は4
よって，2つの数は4と9

⑧ 4cm，6cm

解き方
BPの長さを x cmとすると，PCの長さは
$(10-x)$ cm，CQの長さは x cmと表せるから，
$x(10-x)\times\dfrac{1}{2}=12$　$x^2-10x+24=0$
$(x-4)(x-6)=0$
$x=4$，$x=6$
x の変域は $0<x<10$ なので，2つの解はどちらも問題の答えとしてよいです。

⑨ (1)$(10-x)(12-x)=120\times\dfrac{2}{3}$　(2)2m

解き方
(2)方程式を整理すると，
$x^2-22x+40=0$
$(x-2)(x-20)=0$
$x=2$，$x=20$
$0<x<10$ より，20は問題の答えとすることはできません。2は問題の答えとしてよいです。

出題傾向

2乗に比例する式をつくり，解を求め，グラフから条件や答えを読み取れるかどうかが問われます。グラフの形と式の見分け方や変域の求め方など，基本的なところでのミスは得点差につながってしまうので，十分注意しよう。
比例や1次関数とはさまざまな点で異なるため，変域や変化の割合などもミスが出やすいです。十分練習を積んでおこう。

① エ

解き方
⑦：$y=2\pi x$　①：$y=2x$
⑦：$y=x^3$　エ：$y=\dfrac{1}{2}x^2$

② (1)$y=2x^2$　(2)$y=-4x^2$

解き方
(1)$y=ax^2$ に $x=4$，$y=32$ を代入すると，
$32=a\times16$ より，$a=2$
よって，$y=2x^2$
(2)$y=ax^2$ に $x=\dfrac{1}{2}$，$y=-1$ を代入すると，
$-1=a\times\left(\dfrac{1}{2}\right)^2$ より，$a=-4$
よって，$y=-4x^2$

③

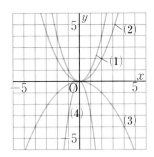

解き方
関数の式に，適当な x の値を代入して，対応する y の値を求めます。y 軸に対して対称な曲線になるようにかきます。
(1)$y=x^2$ に，$x=1$ を代入すると，$y=1$
　　$x=2$ を代入すると，$y=4$
　　よって，(1，1)，(2，4)を通ります。
(2)$y=\dfrac{1}{2}x^2$ に $x=2$ を代入すると，$y=2$
　　よって，(2，2)を通ります。
(3)$y=-\dfrac{1}{4}x^2$ に $x=2$ を代入すると，$y=-1$
　　$x=4$ を代入すると，$y=-4$
　　よって，(2，-1)，(4，-4)を通ります。
(4)$y=-3x^2$ に $x=1$ を代入すると，$y=-3$
　　よって，(1，-3)を通ります。

（1）③　（2）$y=-2x^2$

（1）$(x, y)=(3, 3)$を通ります。
（2）$(x, y)=(1, -2)$を通っています。$y=ax^2$より，
　　$-2=a\times1^2$　$a=-2$となり，$y=-2x^2$

（1）$0\leqq y\leqq8$　（2）$y=\dfrac{1}{2}x^2$　（3）-3

（1）yの最小値は，グラフより0とわかります。最
　　大値は$x=-4$に対応したyの値です。
（2）$x=2$，$y=2$を$y=ax^2$に代入すると，
　　$2=a\times2^2$より，$a=\dfrac{1}{2}$
（3）（xの増加量）$=-2-(-4)=2$
　　（yの増加量）$=\dfrac{1}{2}\times(-2)^2-\dfrac{1}{2}\times(-4)^2=-6$
　　だから，（変化の割合）$=\dfrac{-6}{2}=-3$

320m

$y=0.05\times80^2=320$

（1）$y=x^2$　（2）$0\leqq x\leqq10$　（3）$0\leqq y\leqq100$
（4）$6\sqrt{5}$ cm

（1）$AP=x$cmのとき$AQ=2x$cmだから，
　　$y=\dfrac{1}{2}\times x\times2x=x^2$
（2）（3）PはAB（$=10$cm）上を動くから$0\leqq x\leqq10$
　　$AP=10$cm，$AQ=20$cmのときyは最大となり，
　　$y=100$
（4）$y=x^2$に，$y=45$を代入してxを求めると，
　　$x^2=45$　$x=\pm3\sqrt{5}$
　　$x>0$なので，$x=3\sqrt{5}$
　　$AQ=2AP$より，$AQ=2\times3\sqrt{5}=6\sqrt{5}$（cm）

出題傾向

相似条件を理解した上での証明や，相似比を使っ
た計算問題が多く出題されます。学習した定理を
身につけるのはもちろん，相似比と面積や表面積，
体積の比の基本は確実に使えるようにしておこう。
相似比を使って辺の長さなどを求める場合，対応
する辺をまちがえてしまうミスが多く見られるの
で十分注意しよう。

❶　（1）

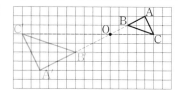

（2）**12 cm**

（1）点A′は，OA′$=2$OAとなるようにAOを点Aの
　　反対側にのばした直線上にとります。同様にし
　　て，点B′，C′もとります。
（2）△ABCと△A′B′C′の辺の比は$1:2$です。

❷　（1）（相似）△**ABC**∽△**DCA**
　　（相似条件）3組の辺の比がすべて等しい
　　（2）（相似）△**ABC**∽△**BDC**
　　（相似条件）2組の角がそれぞれ等しい

対応する頂点の順に書きます。
（1）△ABCと△DCAで，
　　AB：DC$=9:7.5=6:5$
　　BC：CA$=7.2:6=6:5$
　　CA：AD$=6:5$
（2）△ABCと△BDCで，
　　∠BAC$=$∠DBC，∠ACB$=$∠BCD

❸　△**ABC**と△**DBA**で，
　　AB：DB$=6:4=3:2$
　　BC：BA$=9:6=3:2$から，
　　AB：DB$=$BC：BA…①
　　共通な角だから，∠ABC$=$∠DBA…②
　　①，②から，2組の辺の比が等しく，その間の
　　角が等しいので，△**ABC**∽△**DBA**

∠Bが共通であることに着目します。
ABと対応する辺はDB，BCと対応する辺はBA
です。

④ (1)$x=12$, $y=25$ (2)$x=14$, $y=12$

解き方
三角形と比の定理を使います。

(1)$x:8=9:6$ より，$6x=72$ $x=12$

$15:y=9:(9+6)$ より，$9y=225$ $y=25$

(2)$x:7=18:9$ より，$9x=126$ $x=14$

$6:y=9:18$ より，$9y=108$ $y=12$

⑤ (1)$x=12$ (2)$x=18$

解き方
平行線と線分の比の定理を使います。

(1)$6:x=5:10$ より，$5x=60$ $x=12$

(2)$x:12=21:14$ より，$14x=252$ $x=18$

⑥ **6cm**

解き方
△AEFで，AD＝DE，AC＝CFだから，

中点連結定理より，DC∥EFで，EF＝8cm

同様に，△BDCで，GはBCの中点になるから，

中点連結定理より，EG＝2cm

GF＝EF－EG＝8－2＝6(cm)

⑦ **体積…312πcm³**

表面積…210πcm²

解き方
相似比が$a:b$の2つの立体の体積の比は，$a^3:b^3$

です。また，表面積の比は$a^2:b^2$です。これを使

って求めます。

もとの円錐と切った上側の円

錐の相似比は，右の図の

△OBKと△OAHの相似比

で表されます。

△OBK∽△OAHで相似比

は$3:1$

よって，OH＝4(cm)

上側の円錐の体積は，

$\dfrac{1}{3}×π×3^2×4=12π(cm^3)$

$1^3:(3^3-1^3)=12π:(立体の体積)$より，

立体の体積は，$312π\,cm^3$

OA：OB＝1：3より，OA＝5(cm)

上側の円錐の側面積は，

$π×5^2×\dfrac{6π}{10π}=15π(cm^2)$

$1^2:(3^2-1^2)=15π:(立体の側面積)$より，

立体の側面積は，$120π\,cm^2$

よって，立体の表面積は，

$120π+π×3^2+π×9^2=210π(cm^2)$

⑧ **約37.5m**

解き方
右のような，縮尺が$\dfrac{1}{1000}$の縮図をかいて，BCの

長さを測ると，

BC＝3.6cm

よって，実際の長さは

3.6×1000＝3600(cm)

より，36m

目の高さを加えて，

36＋1.5＝37.5(m)

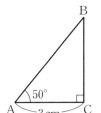

円周角や中心角の大きさの計算問題は必ず出題されます。また，証明問題も出題されやすいので，代表的な問題は，必ず証明できるようにしておこう。また，作図も出題されやすいので，円の性質を利用した作図を必ず身につけよう。

❶ (1) $x=100$　(2) $x=60$
(3) $x=48$，$y=51$　(4) $x=35$

解き方
(1) $360°-160°=200°$
$x=\dfrac{1}{2}\times200=100$
(2) $x=180-(90+30)=60$
(3) $x=24\times2=48$
　　$y=48+27-24=51$
(4) $6:10=21:x$　$x=35$

❷ (1) △ABPと△DCPで，
$\overparen{BC}$ に対する円周角は等しいから，
$\angle BAP=\angle CDP\cdots①$
$\overparen{AD}$ に対する円周角は等しいから，
$\angle ABP=\angle DCP\cdots②$
①，②より，2組の角がそれぞれ等しいので，
△ABP∽△DCP
(2) △ADP∽△BCP

解き方
(1) 2つの角のうち1つを，
$\angle APB=\angle DPC$（対頂角は等しい）として証明してもよいです。

❸ 20°

解き方
$\angle CDP=a°$ とすると，
$\angle CDP=\angle PDA=a°$，$\angle PAD=3a°$
三角形の内角と外角の関係より，
$\angle CPD=\angle PAD+\angle PDA$
$\angle CPD=3a°+a°=4a°$
△CDPは二等辺三角形なので，
$\angle CPD+\angle PCD=4a°+4a°=8a°$
よって，△CDPの内角より，
$8a+a=9a=180$
$a=20$

❹ $x=38$

円周角の定理より，
$\angle BDC=\angle BAC=44°$
$\angle ACB=180°-(44°+98°)=38°$
$\angle ACB=\angle ADB=38°$

❺ $\dfrac{4}{3}\pi\,\text{cm}$

解き方
BEを直線で結びます。
$\angle BFG=\angle BEG=77°$
$\angle BEA=\angle BEG-\angle AEG$
$=77°-57°=20°$
CGは円の直径なので，
$\overparen{CG}=12\pi\times\dfrac{1}{2}=6\pi$
$\angle CDG:\angle BEA=\overparen{CG}:\overparen{AB}$
$=90:20=6\pi:\overparen{AB}$　$\overparen{AB}=\dfrac{4}{3}\pi\,(\text{cm})$

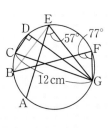

❻ 8°

解き方
$\angle BAF=x°$ とすると，
$\angle ACD=\angle EAC+\angle AEC=x°+35°$
$\angle ACD=\angle AFD-\angle FDC=51°-x°$
$x°+35°=51°-x°$　$x°=8°$

❼ (1) 右の図
(2) $\angle EDC$ と $\angle EBC$ は，線分ECに対して同じ側にある角である。
$\angle EDC=\angle EBC$ から円周角の定理の逆より，4点B，C，D，Eは1つの円周上にある。

解き方
(1) 弦の垂直二等分線の交点が，円の中心となります。

三角形の辺の長さや，四角形の対角線の長さなど，$a^2+b^2=c^2$ を使い，答えを求められるかどうかを多く問われます。また，三平方の定理を使って平面図形や空間図形の問題が解けるかどうかも多く問われます。この単元は，正確な計算力を要求されるため，素早く正しく解けるよう練習をしておこう。特に計算問題は得点源になるので，ミスには十分注意しよう。

❶ (1)$x=4\sqrt{5}$　(2)$x=2\sqrt{13}$

　　(3)$x=6\sqrt{2}$　(4)$x=\sqrt{3}+3$

解き方

(1)$x^2+8^2=12^2$ より，$x^2=80$

　$x>0$ より，$x=\sqrt{80}=4\sqrt{5}$

(2)$6^2+4^2=x^2$ より，$x^2=52$

　$x>0$ より，$x=2\sqrt{13}$

(3)$6:x=1:\sqrt{2}$ より，$x=6\sqrt{2}$

(4)右の図より，

　$AH:AB=1:\sqrt{2}$

　だから，

　$AH:\sqrt{6}=1:\sqrt{2}$

　より，

　$AH=BH=\sqrt{3}$

　$AH:CH=1:\sqrt{3}$ だから，

　$\sqrt{3}:CH=1:\sqrt{3}$ より，$CH=3$

　$BC=BH+CH$ だから，$x=\sqrt{3}+3$

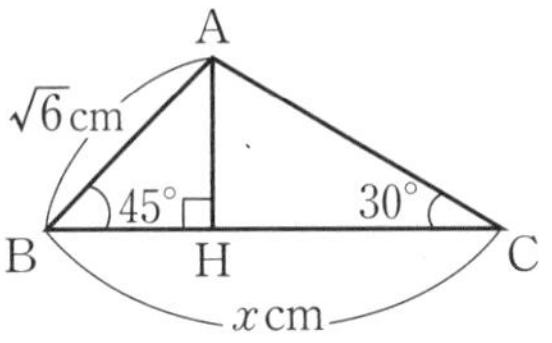

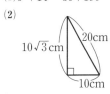

❷ (1)×　(2)○　(3)○　(4)×

解き方

最も長い辺を斜辺と考えたとき，

$a^2+b^2=c^2$ が成り立つかどうかを調べます。

(1)$6^2+14^2=36+196=232$　$15^2=225$ で×

(2)
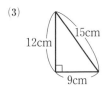
$10^2+(10\sqrt{3})^2$
$=100+300=400$
$20^2=400$

(3)
$9^2+12^2=81+144=225$
$15^2=225$

(4)$8^2+(8\sqrt{5})^2=64+320=384$　$20^2=400$ で×

❸ (1)5　(2)$2\sqrt{3}$

解き方

(1)右の図のような直角三角形ABCをつくると，

　$AC=2-(-2)=4$

　$BC=3$

　$AB^2=4^2+3^2=25$

　$AB>0$ より，$AB=5$

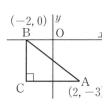

(2)右の図のような直角三角形ABCをつくると，

　$AC=1-(-\sqrt{5})$

　　　$=1+\sqrt{5}$

　$BC=\sqrt{5}-1$

　$AB^2=(1+\sqrt{5})^2+(\sqrt{5}-1)^2$

　　　$=1+2\sqrt{5}+5+5-2\sqrt{5}+1$

　　　$=12$

　$AB>0$ より，$AB=\sqrt{12}=2\sqrt{3}$

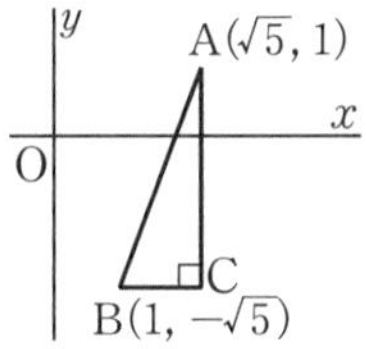

❹ (1)$B(0,\ 4\sqrt{3})$　(2)4

解き方

(1)△ABOは，∠AOB=90°，∠ABO=30°だから，AO：BO=1：$\sqrt{3}$

(2)(1)より，AO：AB=1：2=4：AB，AB=8

　∠AOB=90°だから，ABは円Mの直径なので，

　AM=BM=4

別解 $\overparen{OA}$ に対する円周角は，∠OPA=30°だから，$\overparen{OA}$ に対する中心角は，

∠OMA=30°×2=60°

よって，△OMAは正三角形であるから，

OM=OA=4

❺ (1)$6\sqrt{2}$ cm　(2)$18\sqrt{3}$ cm²　(3)36 cm³

　　(4)$2\sqrt{3}$ cm

解き方

(1)面は正方形なので，△AEFの辺の長さの比は，

　$1:1:\sqrt{2}$

　よって，AE：AF=1：$\sqrt{2}$ より，AF=$6\sqrt{2}$

(2)△AFCは，1辺$6\sqrt{2}$ cmの正三角形になります。

　右の図で，

　AF：h=2：$\sqrt{3}$ より，

　$6\sqrt{2}:h=2:\sqrt{3}$

　$h=3\sqrt{6}$

　△AFCの面積は，

　$\dfrac{1}{2}\times6\sqrt{2}\times3\sqrt{6}$

　$=9\sqrt{12}=18\sqrt{3}$（cm²）

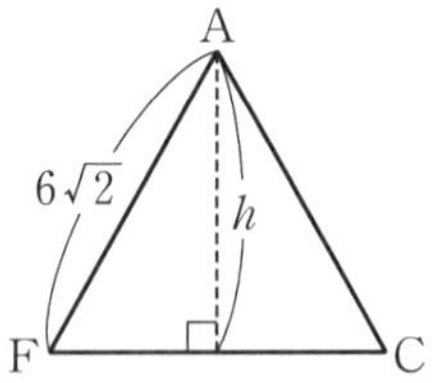

(3)底面を△BAF，高さをBCと考えると，

　$\dfrac{1}{3}\times\dfrac{1}{2}\times6\times6\times6=36$（cm³）

(4)△AFC の面積が $18\sqrt{3}\ \mathrm{cm}^2$ だから，垂線の長さを $h\,\mathrm{cm}$ とすると，

$$\frac{1}{3}\times18\sqrt{3}\times h=36$$
$$6\sqrt{3}\,h=36$$
$$h=2\sqrt{3}$$

10 cm

右の図のような面 ABCD と面 AEFB の部分の展開図で表します。

DP＋PF が直線になったときが，最も短くなります。

よって，$\mathrm{DF}^2=(4+2)^2+8^2$

$\mathrm{DF}^2=100$

$\mathrm{DF}>0$ より，$\mathrm{DF}=10\,\mathrm{cm}$

(1)**3 cm** (2)**$3\pi\,\mathrm{cm}^3$** (3)**$9\pi\,\mathrm{cm}^2$**

(1)$(\sqrt{3})^2+\mathrm{AC}^2=(2\sqrt{3})^2$

$3+\mathrm{AC}^2=12\quad \mathrm{AC}^2=9$

$\mathrm{AC}>0$ より，$\mathrm{AC}=3$

別解 $\mathrm{AB}=2\sqrt{3}$，$\mathrm{BC}=\sqrt{3}$ より，辺の比は

$\mathrm{AB}:\mathrm{BC}=2\sqrt{3}:\sqrt{3}=2:1$

これより，残り辺 AC の辺の比は，

$\sqrt{2^2-1^2}=\sqrt{3}$

よって，$\mathrm{AB}:\mathrm{BC}:\mathrm{AC}=2:1:\sqrt{3}$

$\sqrt{3}$ 倍すると，$\mathrm{AB}:\mathrm{BC}:\mathrm{AC}=2\sqrt{3}:\sqrt{3}:3$

よって，$\mathrm{AC}=3\,(\mathrm{cm})$

(2)できる立体は円錐です。

$$\frac{1}{3}\times\pi\times(\sqrt{3})^2\times3=3\pi\,(\mathrm{cm}^3)$$

(3)側面積は，

$$\pi\times(2\sqrt{3})^2\times\frac{2\sqrt{3}\,\pi}{4\sqrt{3}\,\pi}=6\pi\,(\mathrm{cm}^2)$$

底面積との和を求めると，

$6\pi+\pi\times(\sqrt{3})^2=6\pi+3\pi=9\pi\,(\mathrm{cm}^2)$

p.152 予想問題 **8**

出題傾向

標本調査の方法などを問われます。基本的な部分の問題は得点しやすいので，ケアレスミスをすることなく解答できるようにしておこう。そのほか，乱数表や乱数さい，コンピュータを使った無作為抽出の方法は確実に理解しておくことが大切です。応用問題では数量の推定方法と結果の求め方を問われます。方法や計算での求め方を説明できるようにしておこう。

❶ (1)**標本調査** (2)**全数調査** (3)**全数調査**

(1)全部の水を検査することはできないので，標本調査です。

(2)全員の測定をしないといけないので，全数調査です。

(3)1日中の交通量を調査しないといけないので，全数調査です。

❷ (1)**3年1組の女子15人** (2)**17.32m**

(2)得られた乱数の中から，母集団の中にある番号（01 〜 15）を抽出して標本とします。

標本の数を5とし，標本平均は

$(14.6+19.5+19.0+15.3+18.2)\div5$

$=17.32\,(\mathrm{m})$

❸ **およそ100本**

標本における色が塗られたねじの本数の割合を，母集団にあてはめて考えます。

袋に入っていたねじの数を x 本とすると，

$x:20=15:3$

これを解くと，$x=100$

❹ **およそ0.6**

取り出した分が標本と考え，標本の割合は母集団の割合にほぼ等しいと考えます。つかんで取り出したうちの黒いボタンの割合は，

$24\div(24+16)=0.6$